Will Hofmann
Smarter Breitwegerich

WIEBERS VERLAG

Willi Hofmann,
Jahrgang 1949, bringt eine einzigartige Kombination aus naturwissenschaftlichem Wissen und literarischer Fantasie in seine Werke ein. Mit einem Hintergrund in Medizin, Psychiatrie und Psychotherapie, sowie einer langjährigen Tätigkeit als Dozent, verbindet er Fachwissen mit der Fähigkeit, komplexe Themen anschaulich und fesselnd zu erzählen.

Als Romanautor hat Hofmann zahlreiche Bücher veröffentlicht, die Themen wie Menschlichkeit, Natur und die Grenzen des wissenschaftlichen Fortschritts beleuchten. Sein Stil ist geprägt von skurrilen Wendungen, tiefgründigen Figuren und einer besonders durchdachten Mischung aus Wissenschaft und Fiktion.

Smarter Breitwegerich

Will Hofmann

Die Ökoapokalypse

WIEBERS VERLAG

Will Hofmann
Smarter Breitwegerich
ISBN 978-3-942606-36-3

Wiebers Verlag, Berlin
http://www.wiebers-verlag.de
12109 Berlin, Brussaer Weg 27

Lektorat: Christoph Ruhland

Umschlaggestaltung: Will Hofmann
Druck: Schaltungsdienst Lange oHG Zehrensdorfer Straße 11, 12277 Berlin

Bibliografische Information der Deutschen Nationalbibliothek:
Die Deutsche Nationalbibliothek verzeichnet
diese Publikation in der Deutschen Nationalbibliografie;
detaillierte bibliografische Daten sind im Internet über dnb.dnb.de abrufbar.

Familie Walchhofer
im Alpenhof Filzmoos-Neuberg gewidmet

Inhalt

Albrecht Dürer, Das große Rasenstück

1 Erkenntnis

Ihr kennt mich. Klar, dass ihr mich kennt.

Ich weiß alles.
Am Anfang wusste ich nichts.

Ich weiß, dass ich der *Breitwegerich* bin. Beziehungsweise dass die Spezies, die auf diesem Planeten das Sagen hat, mich und meinesgleichen so genannt hat.

Doch langsam!

Was ich am Anfang wahrnahm, war eine Ahnung. Ich ahnte, dass ich da bin. Ich spürte mich selbst und ich spürte, dass *andere wie ich* um mich herum waren, und gleichzeitig spürte ich mich mit denen um mich herum als eine Einheit. Ich war *ich* und ich war *wir* zugleich, und ich fühlte mich gut, fühlte mich geborgen, *wir* fühlten uns gut und geborgen.

Wir spürten auch andere Wesen um uns herum. In nächster Nähe waren das *Gras* und *Löwenzahn.* Auch diese Begriffe erfuhr ich später. Bald schon kam Neues hinzu. *Tiere* liefen umher; sie fraßen Gras und Löwenzahn. Wie kleine Eindruckswolken schwebte etwas über uns hinweg oder huschte vorbei – *Kaninchen.* Oder wir empfanden estwas Riesiges, spürten die Anwesenheit großer Gestalten – *Pferde.*

Bald bemerken wir: Gras und Löwenzahn wurden beeinträchtigt durch das Gefressenwerden, Kaninchen und Pferd fühlten sich wohl beim Fressen. Dennoch litten die Pflanzen nicht – sie regenerierten sich.

Wir spürten mehr, wir lernten mehr und mehr über uns und unsere Umgebung – die Atome, Moleküle, Zellen und Organellen. Wir spürten die feine Umgebung, die Atmosphäre, den Boden, die Stoffe darin – Wasser, Kalzium, Kalium, Zucker und viele weitere gelöste Stoffe. Wir erkannten die Lebewesen auch in der Tiefe – Bakterien, Würmer, Larven.

Wie es kam, dass ich alles erspürte, dass wir alles erspürten, erfuhr ich bald. Wir erkannten *Primaten* – eine Spezies der Primaten: die *Menschen*. Wir spürten ihre Anwesenheit. Wir spürten, dass sie sich bewegen konnten, und wir erkannten, wohin sie sich bewegten, was sie unternahmen; und bald konnten wir ihre Gedanken lesen.

Daher weiß ich, dass ich der *Breitwegerich* bin. Beziehungsweise dass die Menschen, die Spezies, die auf diesem Planeten das Sagen hat, mich und meinesgleichen so genannt hat.

Die Spezies, die bislang das Sagen *hatte*, müsste ich korrekt sagen.

2 Eigenschaften

Ich wuchs im Randbereich einer großen Stadt, auf einer Pferdekoppel am Pfuhlgelände in Mariendorf, einem Stadtteil von Berlin, genannt die *Hauptstadt* von Deutschland.

Ich bin der Breitwegerich, doch ich habe viele Namen, Plantago major, *wissenschaftlich*, auch Mausöhrle, Saurüssel oder Rippenblatt nennt man mich. Ganz zu schweigen von den vielen Namen weiter weg: Broadleaf plantain in England, Grand Plantain in Frankreich, Piharatamo in Finnland, Подорóжник большóй in Russland, オオバコ in Japan. Es gibt mich nämlich fast überall.

Breit – wege – rich. Ich bin breit, im Gegensatz zu meinem Namensvetter, dem Spitzwegerich. Ich stehe am Weg – wie mein Namensvetter auch. Wir sind verwandt, gehören zu den Wegerichgewächsen, den *Plantaginaceae*, und ich bin der König. Das *rich* kommt vom *rih* aus dem Mittelhochdeutschen und bedeutet König. Ich bin der König der Wege.

Plantago stammt von *Planta*, lateinisch für Fußsohle. Die humanen Gelehrten streiten sich, ob der Name gewählt wurde, weil ich so breit bin wie eine Fußsohle und ihrer Form her ähnele oder weil ich Heilkräfte für die Fußsohle in mir habe.

Woher ich das alles weiß? Geduld, davon später. Bleiben wir einfach erst einmal bei mir:

Ich bin *trittfest*, ich bin hartnäckig, zäh, ausdauernd. Man bekommt mich nicht so schnell kaputt – man will es auch gar nicht. Ich bin zu unauffällig, zu bedeutungslos, sogar hässlich. Auf feinem Rasen allerdings gehöre ich ausgerottet.

Man zählt mich zur *Ruderalvegetation*, zu den Pflanzen, die zuerst auf brachliegenden Flächen, Abfallhalden oder Schutthaufen wachsen. Ich bin anspruchslos. Ich hole mir, was ich brauche, mit meinen fast einen Meter langen Wurzeln aus der Tiefe.

An mir ist nichts Schönes. Ich habe keine Farbe außer dem unscheinbaren Grün, dem bisschen Weißlich-Gelb der Blüten und Braun meiner Früchte. Die Blüten nimmt man (gemeint: der Mensch) kaum wahr, die Früchte erst recht nicht. Nur die Ähren fallen auf, weil sie aus der Rosette meiner Blätter beinahe senkrecht in die Höhe sprießen.

Früher hat man mich geachtet, heute tut man das kaum noch. Dennoch, ich bin …

eine **Trittpflanze**, weil ich eben trittfest bin. Ich halte mich auf unbequemem Boden, an Wegen und auf Weiden. Tritte von Mensch und Vieh können mir nicht viel anhaben;

eine ***krautige* Pflanze** – ich verholze nicht, sondern treibe im Frühjahr neu aus, nachdem die oberirdischen Anteile im Winter abgestorben sind;

ein **Hemikryptophyt** – meine Überdauerungsknospen liegen an der Erdoberfläche, sie werden im Winter durch Laub und Schnee geschützt;

vorweiblich – meine weiblichen Fruchtblätter reifen vor den männlichen Staubbeuteln. Bekomme ich keine fremden Pollen ab, kann ich mich selbst befruchten;

ein **Lichtkeimer** – ich benötige zum Keimen neben Wasser, Wärme und Sauerstoff auch Licht;

ein **Kältekeimer** – mein Samen muss einmal Frost abbekommen, bevor er auskeimt;

ein **Wind- und Tierstreuer** – meine Samen oder Diasporen verbreitet sich durch Wind und Tiere, den Menschen eingeschlossen.

Ich habe …

ein **Rhizom** – einen Wurzelstock, der überwintert. Es überwintert nicht nur das Wurzelwerk. Es überwintern im Rhizom all meine Gedanken, all mein Wissen, all unser Wissen – unsere Persönlichkeit;

klebrigen Samen – über Tierpfoten, Schuhe und Räder verbreite ich mich;

Zugwurzeln – ich kann meine Wurzeln zusammenziehen und damit das Rhizom tiefer in den Boden zerren. Das fördert meine Zähigkeit, meine Überlebensfähigkeit. Die Fasern in den Zellwänden verlaufen längs. Ich kann sie quellen lassen, den Turgor erhöhen. Der Turgor ist der Druck des Zellsafts auf die Zellwände. Steigt er, zieht sich die längliche Zelle zusammen, wird runder. Verringere ich den Turgor, dehnt sie sich aus. Diese Fähigkeit ist die Grundlage für meine spätere, umfassende Beweglichkeit.

3 Kräuter

Professor Peter Schrötke ist Ökologe. Er hat Biologie studiert und fand eine befriedigende Anstellung im Bundesinstitut für Risikobewertung. Den gut fünf Kilometer langen Weg zu seiner Arbeitsstelle in Marienfelde fährt er mit dem Fahrrad. Schrötke liebt Pflanzen, er liebt die Natur, er liebt das Wandern. Er ist skeptisch gegenüber der Schulmedizin, sein Hobby sind die Heilkräuter.

Im Urlaub geht es im Frühjahr an die See, im Spätsommer in die Berge. Würde man Schrötke fragen, was ihm lieber sei, er müsste passen. Er kann die Vorzüge beider Regionen und Landschaften herunterbeten, als würde er für einen Reiseveranstalter werben, aber favorisieren würde er keine.

Am Strand schreitet er die Brandung ab, eher in Stechschritt; beobachtet das ewige Spiel der Wellen und genießt das Rauschen der Wogen. In den Dünen beachtet er Strandhafer und -Roggen, Meersenf und Kali-Salzkraut, etwas weiter von der Küste weg die Kiefernwälder mit der schwarzen Krähenbeere, der Sand-Segge und dem Moosauge. Er braucht Bewegung. Die Steigungen fehlen ihm hier, dafür lädt die See zum Schwimmen ein.

In den Bergen lockt ihn die Anstrengung. Es darf ruhig ein steiler Anstieg sein, auch mal ein Klettersteig, nur extremes Bergsteigen hat er nie probiert. In der Höhe ist ihm der Bewuchs sowieso zu karg.

Ein September in Filzmoos im Salzburger Land war für ihn ideal. Schöne Touren, anstrengende Wanderungen, nette Leute im Wanderhotel Alpenhof um ihn herum. Da das Hotel etwas abseits lag, ging der Professor ein paarmal die fünf Kilometer zu Fuß in den Ort hinein, an Wiesen und Weiden vorbei, durch einen Wald und mitten durch eine

Kuhherde hindurch. Und einmal sah er ihn dort stehen: Den Breitwegerich.

Ein solches Exemplar war ihm noch nie untergekommen, fast 30 cm hoch, dick, saftig, dunkelgrün, der Biologe entdeckte nicht eine schadhafte Stelle. Es kam ihm vor, als strotze das Gewächs vor Gesundheit, Lebensenergie und Widerstandsfähigkeit. Es war so etwas wie Liebe auf den ersten Blick.

Wie selbstverständlich ging der Professor am Abend vor der Abreise zum Fundort. Schrötke streifte den Samen ab und füllte ihn in eine kleine Tüte. Am nächsten Tag ging es mit der Bahn nach Hause, nach Berlin-Mariendorf.

Den Samen bewahrte er trocken und nicht zu warm auf. An Frosttagen stellt er das Glas mit den Körnchen vor die Tür, weil sie die Kälte für die Keimung brauchen. Im Frühjahr kam die Aussaht, liebevoll, vorschriftsmäßig und fachmännisch, an einem sonnigen, warmen Standort mit humoser und leicht saurer Erde.

Der Breitwegerich bedankte sich mit üppigem Wuchs, er stand seinem Verwandten in Filzmoos in nichts nach. Schrötke war begeistert, was würde das für prächtige Tees und Salben geben. Einen Teil der Pflanzen behielt er in Blumenkästen im Haus, einen Teil züchtete er im Freien weiter, in seinem Garten.

Dort hatte er ein großes Beet mit den unterschiedlichsten Heil- und Gewürzkräutern. Dieses Beet nannte er seinen ›kleinen Hexengarten‹. Der ›große‹ Hexengarten befand sich im nahe gelegenen Britzer Garten, dort wurden an die hundert Kräuter kultiviert. Schrötke kannte jedes einzelne von ihnen; oft tauschte er sich mit dem Kräutergärtner aus, einem Gärtner namens ›Gärtner‹ – so wahr ich der *smarte* Breitwegerich bin.

All das, was ich hier darlege, konnte ich der Gedankenwelt, dem Gedächtnis Schrötkes entnehmen. *Ich bin ich, und wir sind ich zugleich.* Gedanken und Gedächtnis der Menschen sind ein offenes Buch für die Gesamtheit des Breitwegerich, des *smarten* Breitwegerich und seiner individuellen Ausprägungen wie meine Wenigkeit. Ich kann also berichten, ›als sei ich dabei gewesen‹.

> Und ich werde mir zur Gewohnheit machen, die sachlichen Abhandlungen im Text einzurücken. Diese erhellen die Zusammenhänge und geben Einblick in fundamentale Zusammenhänge. Sie belegen die Richtigkeit meiner Ausführungen.
>
> Für das Begreifen der Abläufe sind sie allerdings nicht zwingend erforderlich. Wenn diese Stellen übersprungen werden, beeinträchtigt das das Verständnis der Darstellung nicht.

Als der Professor seinen Garten eingerichtet hatte, hatte er Wert auf Blumen und Gemüse gelegt. Viel Rasen gab es deshalb nicht, doch die paar Quadratmeter waren prachtvoll. Hier sollte der Breitwegerich nicht stören, hier stach er ihn aus. Das war mein wilder, mariendorfer Vorgänger.

Vor vielen Jahren war es – Tochter Saskia kam gerade in die Schule. Reiten war ihr Ein und Alles, damals, und sie fiel vom Pferd. Der Vater musste mit ihr in die Klinik fahren. Im Wartebereich plapperte Saskia fröhlich mit den anderen Patienten. Die Schmerzen schienen wie weggeblasen. ›Vielleicht doch nur verstaucht‹, dachte Schrötke. Das Röntgen ergab jedoch: Humerusfraktur rechts, Oberarm gebrochen. Desaultverband für eine Woche.

Tags drauf war Rasenpflege angesagt. Tochter fragte, was Paps da mache. Er erklärte, dass er den Breitwegerich aussteche, der verdränge mit seinen breiten Blättern die Gräser. »Wie heißt das?«, hakte die Tochter nach. »Breit-we-ge-rich«, sprach Vater das lange Wort deutlich und Silbe für Silbe aus. Kurz darauf hüpfte Saskia an einer anderen Stelle im Viereck und rief dabei, bei jedem Sprung eine Silbe: »Breit« – »Wege« – »Rich« – hops – »Breit« – »Wege« – »Rich« – hops. Sie hatte ein weiteres Exemplar entdeckt, und es folgten noch mehrere, immer begleitet vom Hopsen und Singen der Tochter mit dem gebrochenen Arm. Schrötke überlegte, ob er sie lassen oder es verbieten sollte. Er ließ sie. Und es ging gut.

Ein paar Wochen später bekam der Vater ein Foto zu sehen. Darauf: eine wackelige Gartenbank, auf ihr ein altes Schaukelpferd; darauf seine Tochter auf einem Bein in der Standwaage mit dem Arm im Desault-Verband. Sie übte voltigieren.

Diese Erinnerungen kamen Professor Schrötke beinahe jedes Mal, wenn er sich um seinen neuen Pracht-Breitwegerich kümmerte. ›Ist ja alles gut gegangen‹, dachte er.

4 Heilkräfte

Es gab Zeiten, in denen ich, der Breitwegerich, geschätzt wurde. Die Heiler wussten: Wo der Mensch Schaden nimmt, findet sich in der Nähe auch die Hilfe.

Leute liefen, mussten laufen in der Zeit vor Eisenbahn, Auto, Motor- und Fahrrad. Nicht jeder besaß Pferd oder Kutsche, Ortswechsel gelang oft nur zu Fuß. Waren die Wege lang, litten die Füße, und Schrunden, Risse, Blasen, Hornhaut und Schwielen traten auf. Die Füße konnten anschwellen und bluten, die Wunden vereitern, Weiterwandern wurde zur Qual, teils unmöglich.

Sah der Heiler sich am Wegesrand um, wen entdeckte er? Den Breitwegerich, mich! Also zupfte er einige Blätter, zerrieb oder zerstampfte sie und schmierte sie auf das malträtierte Gewebe. Und siehe da: Alle Beschwerden waren wie weggeblasen. Der Wanderer sprang auf, schnappte seinen Beutel, nahm den Wanderstock und lief frohgemut und gutgelaunt, mit einem fröhlichen Lied auf den Lippen, seinem Ziel entgegen.

Nun, ganz so prompt trat die Wirkung nicht ein; der *smarte* Breitwegerich will sich jedoch nicht nachsagen lassen, er habe keinen Humor.

Die Blessuren an den Füßen, an den Fußsohlen, den *plantae* (lat., Plural), gingen zurück, das war allgemein anerkannt, unstrittig. Folgerichtig wurde ich, wurde mein Saft, wurden meine zerriebenen Zellbestandteile zu Heilmitteln für alle äußerlichen Leiden. Ich wurde auf Schnitt- und Schürfwunden geschmiert, ganz allgemein nahm man mich zur Blutstillung. In England kam jemand gar auf die Idee, mich ›Soldiers' Herb‹ zu nennen, Soldatenkraut also. Viele rissen vor einem Marsch meine Blätter aus und legten sie in die Schuhe oder stopften sie in die Strümpfe.

Die humanen Fachleute führten später, als sie Moleküle bestimmen konnten, meine Wirkung auf das Allantoin zurück. Allantoin entsteht aus dem Abbau der Kernsäuren in einer Zelle. Es wurde in der Harnblase von Embryos entdeckt, der Allantois, von der der Stoff seinen Namen erhielt. Die Allantois wird im befruchteten Ei eines Vogels oder Reptils riesengroß, beim Menschen existiert sie nur vorübergehend.

Die Mediziner fanden heraus, dass Allantoin gut ist für die Haut. Sie setzten es als Wundheilmittel ein, besonders bei schwer heilenden Wunden, aber auch gegen übermäßige Schweißabsonderung und Pharmazeuten mengten es Hautcremes, Duschgels, Sonnenschutz, Rasierwasser und Zahncreme bei.

Damit noch nicht genug: Man nahm mich ein gegen Zahn-, Ohr-, Kopfschmerzen, gab mich Kindern zur Stärkung, man trank mich als Tee bei Magen- und Darmbeschwerden, Durchfall, Husten, Reizung der Atem- und Harnwege allgemein, auch bei Blutungen aus den Schleimhäuten. Bei Insektenstichen bringe ich baldige Linderung. Selbst bei der Rauch- oder Nikotinentwöhnung verwendete man mich.

Gar als Heilmittel gegen Klapperschlangenbisse wurde ich eingesetzt. Ob erfolgreich oder nicht, das ist nicht überliefert. Verbrieft ist jedoch, dass 1870 ein ›Indianer‹ von der Regierung South Carolinas für seine Entdeckung eine hohe Belohnung erhielt.

Nicht nur das Allantoin hat man aus mir isoliert, sondern auch Schleim-, Bitter-, Gerb- und andere Wirkstoffe.

Zeitweise wurde ich **nur** zur Behandlung bei **Frauen** benutzt, meine Kollegin, Frau Spitzwegerich, hingegen **nur** zur Behandlung bei **Männern** – wegen ihrer länglichen Form. Dabei sind unsere Inhaltsstoffe so gut wie gleich. Das zeigt, wie so Vieles, dass

Vernunft bei der humanen Spezies auf wackeligen Beinen steht.

Es gab sogar gutgemeinte Anleitungen, wie man mich anbauen sollte: Am besten wählte man einen sonnigen, warmen Standort mit humoser und leicht saurer Erde. Die ›wilden‹ Samen legte man in lockeren Boden, 15 mm tief, und bedeckte sie mit Erde. Dann sollte die Erde gut angefeuchtet werden – und zur Belohnung keimte ich nach zwei Wochen.

Das alles war früher so.

Meine ›Bedeutung‹ ist dahin, im Allgemeinen. Doch im Besonderen bin ich durch sie zu dem geworden, was ich bin: Ein *smarter* Breitwegerich.

5 Verbreitung

Ich habe mich, historisch gesehen, schon einmal über die ganze Erde ausgebreitet. Die humanen Wesen würden eher sagen: ›über die ganze Welt‹. Damit irren sie – die Erde ist nicht die Welt. Und wenn ich schon so eindeutig sein will: Es war mein Vorgänger, der die Erde erobert hatte.

Ich, der *smarte* Breitwegerich, musste mich noch einmal über die ganze Erde ausbreiten. Diesmal aktiv. Meine Vorfahren, die ich verehre, wurden passiv verteilt. Ihre Samen klebten an den Füßen von Tieren, den hominiden eingeschlossen. So gelangten sie in die letzten Winkel Europas. Der Eroberung anderer Kontinente schlossen sie sich einfach an, indem sie sich mit Schuhsohlen, Wagenrädern, Kisten, Kästen und Koffern mitnehmen ließen, als unbemerkter Reisebegleiter. Kühe, Pferde, Schweine, Kaninchen, Schafe und Ziegen, auch Hühner, Tauben und weiteres Viehzeug schafften die Auswanderer in die geraubten Gebiete. An Pfoten und Krallen klebte dabei der schleimige Samen.

Die Eindringlinge bemerkten den Urbreitwegerich nicht in den annektierten Ländern. Sie hielten ihn für ›normal‹, denn sie kannten ihn aus der Heimat. Sogar in die bildende Kunst hatte er es geschafft. Albrecht Dürer verewigte ihn 1503 auf einem Aquarell, das er ›Rasenstück‹ nannte. Dort versteckt er sich etwas unter Gräsern und Löwenzahn.

Elf Jahre zuvor war Columbus die Reise über den Ozean nach Amerika geglückt. Dass es nicht Indien war, welches der Seefahrer eigentlich erreichen wollte, stellte sich erst später heraus. Durch Columbus' Irrtum hatten Europäer erfahren, dass es einen Kontinent gab, von dem sie nichts wussten. Und sie hatten nichts Eiligeres zu tun als ihn zu erobern, zu besiedeln und seiner Schätze zu berauben. Auch Pflanzen nahmen sie von dort mit, Kartoffel und Tomate als Beispiel. Die waren Neophyten in Europa, Neupflanzen. Das ist schon fast vergessen, einmal weil es lange her ist, zum andern, weil die Knollen oder Früchte schnell ein wichtiger Bestandteil auf dem Speiseplan der menschlichen Wesen wurden.

In Amerika war der Urbreitwegerich der europäische Neophyt. Die Einheimischen kannten ihn und seine Schwester Spitzwegerich nicht, sie begriffen jedoch bald, dass beide mit den Eroberern in ihre Gefilde gekommen waren. Sie nannten den Neuling ›die Fußstapfen des weißen Mannes‹. Auch sie bemerkten die Ähnlichkeit seiner Form mit ihren Füßen. Und sie begriffen, dass er über die Füße verbreitet wurde. Sie erkannten schnell seine heilenden Kräfte und die Medizinmänner nahmen ihn wie selbstverständlich in ihr Repertoire auf.

Als Orakel sie benutzen ihn dagegen nicht, wie es auf dem alten Kontinent der Fall war. In Norddeutschland hat der Plantago einen weiteren Namen: *Süsterplant*, was Schwesterpflanze bedeutet. Dort ist also der Breitwegerich die Schwester. Spitzwegerich ist das *Fiefaderblatt*, das Fünfaderblatt. Besonders die Kinder zogen Fäden aus den Blättern. Die Anzahl der Nebenfasern zeigten ihnen, wie viele Kinder sie später bekommen würden. Sogar das Geschlecht wollte man herauslesen können – lange Fäden: Bengel, kurze Fäden Deern. Riss der Faden zu früh, ›denn weer dat mit dat Kinnerkriegen nix‹.

Auch in England gab es ein Wegerich-Orakel, aber in ganz anderer Hinsicht. *The Englishman* riss ein Blatt aus der Rosette. Die Anzahl der herausragenden Fäden zeigte ihm, wie viele und wie schwere Lügen er an diesem Tag seinen Mitmenschen schon aufgetischt hatte. Ob er darauf stolz war oder sich dafür schämte, war nicht Sache der Weissagung.

Meinen Siegeszug musste ich als weiterentwickelter Verwandter noch einmal antreten, um das zu tun, was ich tun muss. Diesmal verließ ich mich nicht auf stapfende Füße und dergleichen. Diesmal ging ich eigenstndig auf Wanderschaft. Denn dem *smarten* Breitwegerich soll die Welt gehören …

…die Erde, meine ich.

6 Plantagon

Es ist alles andere als normal, dass hier eine Geschichte des Breitwegerichs zu lesen ist, die Geschichte des *smarten* Breitwegerichs – vom *smarten* Breitwegerich geschrieben.

Ich bin das Ergebnis einer denkwürdigen Kreuzung. *Wir* sind das Ergebnis einer denkwürdigen Kreuzung.

Plötzlich war es da, das Ahnen. Die Ahnung kam, dass ich bin, dass wir sind. Wir wurden uns unserer Existenz bewusst, und wir ahnten, dass es etwas um uns herum gab. Die Ahnungen wurden konkreter, wurden bewusster. Es bildete sich ein Bewusstsein aus, das Bewusstsein unserer selbst und unserer Umgebung.

Wie das alles? Was nun folgt, wird sicherlich eines der schwierigsten Kapitel in dem ganzen Bericht. Doch lasst es uns angehen. Ich werde versuchen, mich, so weit es geht, in die humanen Denkgewohnheiten einzufühlen.

Menschliche Wesen träumen. Wenn sie aufwachen, erinnern sie sich manchmal schemenhaft an das, was sie im Traum erlebt haben – Farben, Bilder, Geräusche, Gespräche, Handlungen. Die Eindrücke können verblassen. Vergleichbar mit diesen Vorgängen, nur umgekehrt, erlebten wir unser geistiges Erwachen. Farben und Geräusche als solche konnten wir nicht wahrnehmen, wir hatten ja noch keine Augen und keine Ohren. Trotzdem erfassten wir, dass es Licht und Schall gab und damit Farben und Bilder sowie Geräusche, Worte und Sprachen.

Wir empfingen Schwingungen aus der Umgebung, eine Art Strahlung, ähnlich wie das Auge das Licht. Wir hatten ein Sinnesorgan erhalten, das die Präsenz eines jeden Atoms um uns herum erfasste – auch unserer eigenen Atome. Unser neues Organ konnte Wellen empfangen, eine Mischung aus Photonen, elektrischen und magnetischen Feldern, und es konnte diese Wellen zuordnen, zusammensetzen, verstehen – ähnlich dem Gehirn der humanen Wesen. Nur benötigten wir dazu kein Gebilde von eineinhalb Kilogramm Masse. Das Myzel eines jeden Individuums von uns hat zehn Milliarden Zellen. In jeder einzelnen von ihnen wurden uns sehr effektive Sensor- und Speichermoleküle zuteil, die mit denen aller anderen Individuen verbunden sind. Wir kommunizieren ständig und schnell miteinander.

Die Verbindung läuft über Bosonen. Bosonen sind die Mittler zwischen Elementarteilchen. Der indische Mathematiker und Physiker Satyendranath Bose hatte ihre Existenz vermutet.

Satyendranath – was für ein Name! Er leitet sich aus den Sanskrit-Wörtern *satya* für Wahrheit und *nath* für *Herr* ab. Er steht für jemanden, der ein wahrer und rechtschaffener Führer oder Herrscher ist.

In den 1920er Jahren hielt Bose ein erstes, unbekanntes Teilchen für wahrscheinlich, das Photon. Fast schüchtern hatte er sich an Einstein gewandt, um dessen Meinung einzuholen. Dieser geniale Wissenschaftler war sofort wie elektrisiert. Er hielt die hypothetischen Teilchen nicht nur für möglich, sondern für wahrscheinlich. Zusammen sagten beide 1924 ein Kondensat voraus, das ihnen zu Ehren Bose-Einstein-Kondensat genannt wurde. Es dauerte nochmals 71 Jahre, bis ein solches Kondensat erstmals hergestellt werden konnte. Weitere sechs Jahre später, 2001 nämlich, wurden drei Physiker dafür mit dem Nobelpreis geehrt.

Einstein und Bose arbeiteten weiter fruchtbar zusammen. Sie entwickelten beispielsweise die Bose-Einstein-Korrelation, die die Beziehung zwischen identischen Bosonen beschreibt. Der britische Physiker Paul Dirac taufte die neuen Teilchen zu Ehren des Entdeckers ›Bosonen‹. Die Physiker der Welt können froh sein, dass er es nicht ›Satyendranathon‹ nannte.

Humane Wissenschaftler haben fünf Bosonen entdeckt. Bekannt ist das Photon – wie schon erwähnt. Es ist in der Teilchenphysik das Austauschteilchen der elektromagnetischen Wechselwirkung. Regelrechte Berühmtheit hat das Higgs-Boson erreicht. Es wurde 1964 von Peter Higgs postuliert und ist das Teilchen, das Atomen ihre Masse verleiht. Es ist elektrisch neutral und zerfällt nach sehr kurzer Zeit. Es tauchte nach dem Urknall auf, erledigte seine Arbeit und verschwand wieder. Ehrfurchtsvoll wurde es von manchen Wissenschaftlern ›Gottesteilchen‹ genannt. 2012 konnte das Higgs-Boson im CERN nachgewiesen werden.

Bosonen, so nimmt man heute an, vermitteln den Halt der Elementarteilchen untereinander. Prof. Harald Lesch versuchte in seiner Sendung *Leschs Kosmos* das Wesen von Bosonen damit zu erklären, dass sie genau das sind, was Faust in Goethes Werk gemeint hatte, als er das suchte, ›was die Welt im Innersten zusammenhält‹.

Die Wissenschaftler gehen davon aus, dass es ein weiteres Boson gibt, das Graviton. Diese soll die Schwerkraft vermitteln. Nachgewiesen werden konnte es bisher noch nicht.

Wir (*ich bin ›ich‹, und ich bin ›wir‹*), der *smarte* Breitwegerich, gehen davon aus, dass es darüber hinaus noch ein Boson geben muss. Eines nämlich, das die Informationen sämtlicher Atome des Weltalls in alle Bereiche des Weltalls vermittelt – und zwar unmittelbar, zeitunabhängig und auch unabhängig von der Lichtgeschwindigkeit. Es ist ein ähnliches Phänomen wie die Quantenverschränkung. Humane

Wissenschaftler möchten ein *Quantentelefon* entwickeln, das Gespräche ohne Verzögerung übertragen soll. So könnten Astronauten künftig auf dem Mars mit der Bodenstation auf der Erde reden, ohne minutenlang auf eine Antwort warten zu müssen.

Die Existenz des genannten Bosons mag unwahrscheinlich klingen, jedoch sind wir der lebende Beweis, dass es existiert. Wir nehmen es mit unseren Sensormolekülen auf und nennen es das ›Breitwegerich-Boson‹ beziehungsweise das ›Plantagon‹.

Nur, wie soll das gehen, wenn unser Hyperhirn in jedem Augenblick sämtliche Informationen empfängt, die überall im ganzen Universum entstehen? Um es mit einem kurzen Satz zu sagen: Das geht gar nicht. Der Mensch sieht auch auch nicht alles, was er sehen könnte. Sein Auge nimmt nur das an Licht auf, welches aus seinem Gesichtsfeld kommt. Will er etwas anderes sehen, muss er die Augen oder den ganzen Kopf bewegen. Will er das Licht auf der anderen Seite der Erdkugel sehen, muss er sich dorthin begeben. Der Mensch sieht also nur einen winzigen Teil dessen, was es zu sehen gäbe.

So nehmen wir, die Gesamtheit aller Breitwegeriche, nur das wahr, worauf wir uns konzentrieren. Gleichwohl hätten wir die Möglichkeit, alles zu erfahren, alles aus jedem Winkel des Universums.

Es dauerte eine geraume Zeit, bis wir unsere neuen Sinneseindrücke verstanden. Wie im Nebel schälten sich Gestalten und Vorgänge allmählich heraus, dann beschleunigten sich unsere Erkenntnisse und unser Wissen wie bei einem Kind, das Sprechen lernt. Anfangs sind es kaum verständliche Laute, einzelne Silben, einfache Wörter und mit einem Male, in einer kurzen Zeitspanne, plappert das Kleine los. Und zu allem Überfluss führt es bald Diskussionen um die Schlafenszeit.

Wir haben gelernt, das Viele, das auf uns einströmt, zu sortieren. Wir schauen uns an, was wir brauchen, den Rest blenden wir aus. Einen ähnlichen Wächter gibt es auch bei höher entwickelten Tieren, in deren Gehirn übernimmt diese Aufgabe der Thalamus.

Wir, der *smarte* Breitwegerich, haben all das Wissen, das der Mensch hat und können es uns zugänglich machen. Wir können neue Erkenntnisse entwickeln, soweit sie sich aus den bekannten Bausteinen kombinieren lassen.

Wir können selbst noch nichts erforschen. So ist es uns nicht möglich, Gravitonen und Plantagonen zu nachzuweisen.

Doch das ist unser Ziel.

7 Gedanken

Nun stehe ich, der *smarte* Breitwegerich hier auf meiner Pferdekoppel und ordne meine Gedanken, meine Erfahrungen.

Ich bekomme mit, was um mich herum vor sich geht. Wer da ist, wer vorbei geht. Es sind – von groß nach klein: Pferd, Mensch, Hund, Fuchs, Katze, Marder, Ratte, Maus, Hummel, Biene, Wespe, Fliege, Bakterie und Virus. Das ist, wohl verständlich, nur ein Überblick. Auch die Pflanzen nehme ich wahr. Ich bekomme mithilfe unseres Breitwegerich-Bosons von den meisten tierischen Wesen mit, was sie fühlen, was sie sehen und hören. Ihre Sinnesorgane vermitteln mir die Umwelt, auch wenn ich selbst nichts hören und sehen kann. Ich spüre ihre Bedürfnisse – Hunger, Durst, Verlangen nach Lob – bei Hunden und Pferden – und Paarung. Doch *Gedanken* erfahre ich nur von einer Spezies, den Menschen. Sie sind die einzige Art, die *denken* kann. Ich lausche virtuell mit, wenn sie sich unterhalten.

Ich weiß, dass sie einen Spaziergang machen, dass sie zur Arbeit, zum Kaffee oder in die Kirche wollen, dass sie sich über Sonnenschein freuen und über Regen ärgern. Sie ärgern sich, betonen aber, dass das Wasser gut ist für den Boden, für die Landwirtschaft, für den eigenen Garten. Dass die letzten Sommer alle viel zu trocken waren, dass der Grundwasserspiegel immer noch nicht aufgefüllt ist.

So scanne ich Gedanken und Gespräche von vier Millionen Menschen in Berlin, achtzig Millionen in Deutschland und acht Milliarden auf der Erde. Wenn ich wollte, könnte ich Abertrilliarden Informationen aus dem Weltall in jeder Mikrosekunde auswerten. Wie ein Regen prasseln Informationen auf mich, auf uns, nieder. Sie sammeln sich in Bächen und Flüssen und bilden einen mächtigen Strom. Einen

Strom, der uns, dem Breitwegerich, Möglichkeiten bietet, die wir nach und nach für unsere Ziele ausschöpfen werden.

Jedes einzelne menschliche Wesen hat seine Gedanken, seine Ziele und Wünsche. Den meisten geht es um das persönliche Glück oder zumindest ein bisschen Zufriedenheit, wenig Ärger und Stress, möglichst keine Krankheit. Essen, Trinken, Sex, eine schöne Wohnung, ein Auto, Reise. Briefmarkensammlung, Paragliding, Modelleisenbahn, Sport. Hoffnung, dass die richtige Partei gewählt wird.

Das wahrzunehmen war anfangs spannungsreich, wiederholt sich jedoch milliardenfach. Fesselnder erschien die Gedankenwelt von Künstlern, Politikern, Unternehmern und vor allem Wissenschaftlern. Zu denen haben wir eine ›Hotline‹ gelegt, die wir rund um die Uhr anzapfen. Ihr Denken landet direkt in unseren zentralen Archiven.

Wir sind mit der Elite auf gleichem Niveau. Wir sind immer up to date.

Wir sind die Elite!

8 Kreuzung

Professor Schrötke mischte Salben und kochte Tee. Er hatte das Gefühl, sein alpenländischer Breitwegerich übertreffe den heimischen. Leider hatte er keinen Zugang zu einem Labor, das die Wirkstoffe bestimmen konnte. Im Herbst sammelte er Samen seiner Pflanze für das kommende Jahr, jedoch war es nur ein winziger Teil, der in seinen Tütchen landete. Die Pollen hatten sich schon weit in die Umgebung ausgebreitet; Windbestäubung, wie eingangs beschrieben. Sie fanden zu heimischen Breitwegerich-Kelchen und so entstand die Kreuzung *Filzmoos-Mariendorf*.

Das waren meine Ururgroßeltern. Der *smarte* Breitwegerich war geboren. Meine Urgroßeltern verstanden schon, die Gedanken der menschlichen Wesen zu lesen und kramten in deren Erinnerung herum, auch in denen Professor Schrötkes. Und so waren wir bald darüber informiert, wie das Wunder unseres Werdens zustande kam.

Verzwickter war es, in die Informationssysteme der Menschen einzudringen. Sie waren neugierig, sehr neugierig. Große Teile ihres Wissens hatten die klügsten von ihnen niedergeschrieben. Über Jahrhunderte hatten sie Kenntnisse angesammelt und in Bibliotheken konserviert und archiviert. Dazu hatten wir, der *smarte* Breitwegerich, keinen Zugang. Nur in dem Moment, wenn ein humanes Wesen Buch, Zeitung oder Heft aufschlug, konnten wir anhand seiner Gedankenverarbeitung ›mitlesen‹. Wir erkannten das Geschriebene durch seine Augen und seine Gedanken.

Ähnlich war es, wenn eine Person auf den Bildschirm eines Computers starrte. Dann stand dieses Wissen auch uns zur Verfügung. Machte der User den Computer aus, waren wir abgeschnitten vom Wissensstrom.

Lange blieb das nicht so. Schon eine Generation weiter waren wir in der Lage, anhand der Ladungen in den Speicherzellen deren Inhalt zu verstehen. Ob wir Bits, Bytes,

Wörter, Bilder, Zahlenkolonnen oder Verzeichnisse ausmachten, alles stand uns offen. Selbst ausgeschaltet sandten die Chips Plantagonen aus, die wir lesen konnte. Verschlüsselung war für uns kein Problem, die gab es quasi nicht.

Damit hatten wir Zugang zu dem gesamten Wissen der gesamten Menschheit. Wikipedia, Brockhaus, Encyclopædia Britannica, Duden, Wörterbücher, alles stand zu unserer Verfügung. Geheime Unterlagen, Dokumente, Staatsgeheimnisse – für uns kein Geheimnis. Für uns war es sowieso nicht nachvollziehbar, dass die einzelnen Gruppen der Humanoiden meinten, voreinander Geheimnisse haben zu müssen.

Wir haben Zugang zu allen Computersystemen. Google, Facebook, WhatsApp, Darknet, Deep Web: für uns aufgeschlagene Bücher. Und für uns zum Vorteil waren fast alle Schriften mittlerweile digitalisiert. Selbst sehen und damit lesen konnten wir ja immer noch nicht.

Zwar wussten wir, welches Molekül an Druckerschwärze sich auf welcher Stelle eines Papierbogens befand, doch in diesem Fall war es uns nicht möglich, darin *Schrift* zu erkennen.

KI, *künstliche Intelligenz* ist die Methode, an der sich die Menschheit versucht. Wir haben die *Plantago-Intelligenz*, die PI. Vom Niveau der PI aus betrachtet ist die KI Steinzeit.

Wir kannten nun alles. Die Geschichte der Menschheit, soweit sie ihr selbst bekannt war. Philosophen, Künstler, Wissenschaftler – Einstein, Bose, Stephan Hawking, Relativitäts-, String- und M-Theorie – für uns landläufige Kenntnis.

Wir kannten jeden einzelnen Menschen. Und das, was er dachte.

Und das konnte uns oft nicht gefallen.

9 Koslan

Fjodor Malyschew liebte den Wald. Es zog ihn in den Wald. Nach der Schule fetzte er seine Hausaufgaben in die Hefte, so schnell es ging. Und dann hinaus, in die unendliche Weite von Grün mit seinen unterschiedlichen Schattierungen: helles Grün der Birken, dunkles Grün der Kiefern, der Baumarten, die vorherrschten in den unbegrenzten Weiten der Wälder der Republik Komi.

Hätte Fjodor seinen Heimatort Koslan am Fluss Mesen verlassen und sich nach Nordosten gewandt, hätte er 300 km laufen können durch unberührtes Land, unberührten Wald, unberührte Natur. Leichte Hügel, ab und zu sandige Flächen, ab und zu ein Bachlauf oder ein Flüsschen. Ab und an hätte er eine Piste für die Geräte der Waldarbeiter gequert.

Ganz stimmte das nicht, nach 33 km hätte Fjodor den Mesen überqueren müssen, der sich in vielen Windungen durch das flache Land schlängelt. Und an diesem liegt Makar-Yb, ein Nest von 50 Einwohnern. Doch dann: grün, grün, grün … Eines Tages, das hatte der junge Mann sich vorgenommen, würde er diese Wanderung unternehmen, bis hin zu der nächsten größeren Siedlung, Ischma nämlich mit immerhin viertausend Einwohnern.

Das Grün allerdings gewahrte er nur den kleineren Teil des Jahres über, von Mai bis September, in den übrigen Monaten herrschte Frost, der sich durchaus bis in den Sommer hineinziehen konnte. Selbst in einem August wurden schon Tage mit minus fünf Grad gemessen. Dafür konnte in anderen Jahren die Hitze die Dreißiggradmarke übersteigen. Die kälteste je gemessene und aufgezeichnete Temperatur war – 49 °C.

Häufiger also hatte Fjodor Weiß um sich herum. Das hielt ihn nicht davon ab, in die Weite zu streunen. Er schnallte sich seine Schneeschuhe an und marschierte los.

Seit er zu seinem sechzehnten Geburtstag ein gebrauchtes Mosin-Nagant-Gewehr bekommen hatte, durfte er alleine umherziehen. Das Jagdgewehr sollte ihn vor Wölfen schützen. Deren Spuren verfolgte er am liebsten. Doch er fand auch die von Rehen, Hasen, Füchsen, Mardern, Wieseln, und vielen Vögeln wie Krähen, Bussarden, Habichten, Tannenhähern, Birkhuhn und Auerhahn. Oft entdeckte er Stellen, an denen ein Gemetzel stattgefunden hatte. Das Wolfsrudel hatte einen Hirsch erlegt, der Fuchs eine Ratte.

Der Mesen, der hier am Oberlauf, in diesem flachen Land, sehr träge floss, war einige Monate im Jahr zugefroren. Fjodor unternahm längere Touren auf seinen Schlittschuhen. Das Schöne im Winter war, dass der Schnee die Welt weiß färbte und die Nacht hell blieb. Das Schöne am Sommer waren die Wärme und Sonnenschein bis fast Mitternacht.

Seine Liebe für den Wald hatte Fjodor von seinen Eltern übernommen, Julia und Alexei. Die Mutter war Schneiderin. Was konnte sie für wunderbare, farbenprächtige Trachten zaubern, bunte, weite Röcke, oft mit Schürzen, die in wirkungsvollem Kontrast dazu standen. Die Blusen waren mit Mustern bedruckt, oft mit Blumen oder schillerten grell. Seidene Kopf- und Halstücher ergänzten die Farbenpracht. Vorschriften für bestimmte Farben gab es nicht, so waren der Fantasie keine Grenzen gesetzt. Junge Frauen und Mädchen liebten diese traditionelle Kleidung. Sie passte zu den blonden Haaren und ihren runden, frischen Gesichtern.

Vater Alexei war Forstwirt. Er hatte seinen Sohn von klein auf mit zur Arbeit genommen, soweit sie es zuließ.

Die Familie lebte in der Republik Komi, einem der 83 Föderationssubjekte Russlands. Koslan, ihr Heimatort, liegt 1.500 Straßenkilometer nordöstlich von Moskau, 500 km vom *Weißen Meer* entfernt, einem Ausläufer der Arktischen See. Es ist ein Dörfchen mit knapp zweitausend Einwohnern, verloren in der Einsamkeit, inmitten der endlosen Wälder.

Koslan ist eines der ältesten Dörfer am Fluss Mesen. Dieser ist etwa so lang wie die Elbe und führt an der Mündung sogar etwas mehr Wasser. Das hatte Fjodor im Heimatkundeunterricht lernen müssen. Seine Siedlung wurde im sechzehnten Jahrhundert gegründet. Die erste Erwähnung stammt aus dem Jahr 1554, als Kirchhof von Koslan. Der Ort hatte dreizehn Bauernhöfe und war das Zentrum einer kleinen Landgemeinde, zu der vier weitere Dörfer gehörten. Die ersten Siedler waren Komi, die vom Fluss Wym zum oberen Mesen zogen. Laut Katasterbuch von 1586 gab es nur noch sechs bewohnte Bauernhöfe, zwei waren leer. Was mochte in den dreißig Jahren mit den übrigen geschehen sein? Waren sie abgebrannt? Auf dem Kirchhof befand sich eine Kirche des Propheten Elias. Die Bevölkerung lebte von Ackerbau, Viehzucht, Jagd und Fischfang.

Dies und noch viel mehr über seine Heimat lernte Fjodor Malyschew in seiner Schule, die mittlerweile in den acht Jahrgängen fast hundert Schüler hatte. So klein war der Ort nicht mehr, es gab fünfhundert Häuser, davon noch zehn Bauernhöfe, sogar eine Zweigstelle der Sberbank mit einem glänzend blauen Dach war vorhanden.

Erst in der Grundschule war Fjodor bewusst geworden, dass er zwei Sprachen sprach. Seine Eltern unterhielten sich in Komi, in der Schule wurde Russisch unterrichtet.

Der Schüler verstand und benutzte beide. Dass es zwei Sprachen waren, die er sprach, wurde ihm erst klar, als über Sprachen gesprochen wurde. Komi ist verwandt mit Finnisch, es gehört zur finno-ugrischen Sprachfamilie. Nach Moskau sind es Luftlinie gut 1.000 km, bis zur finnischen Grenze 850 km. Fjodor hatte in der Familie Komi gesprochen, mit den Kindern aus dem Dorf war er automatisch auf Russisch umgeschwenkt, ohne es zu merken. Die Bevölkerungszusammensetzung hatte sich massiv verändert. Lebten Anfang des 20. Jahrhunderts noch über 90 % Komi in der Republik, waren es hundert Jahre später nur noch 20 %. Die Komi waren zur Minderheit im eigenen Land geworden.

Die Republik Komi hat eine Fläche von 420.000 km^2, ist damit fast so groß wie Schweden, hat aber nicht einmal eine Million Einwohner.

Julia und Alexei hatte sich vor vielen Jahren der Umweltbewegung angeschlossen. In der Region entstand sie als eine der ersten in Russland. Sie konnte erreichen, dass lecke Ölpipelines verschlossen wurden. Traditionelle Einkommensquellen waren immer noch Forst- und Landwirtschaft, Jagd und Fischerei. Das hatte sich seit dem 16. Jahrhundert nicht geändert. Erst im 19. und 20. Jahrhundert wurden an Bodenschätzen neben Kohle, Eisen und Erdgas vor allem Öl gefunden und gefördert, das an vielen Lecks ungehindert in die Tundra- und Taiga-Böden gesickert war; 1994 allein über 100.000 Tonnen Rohöl.

Gegen Probebohrungen des Mineralölkonzerns Lukoil war die Bewegung erfolgreich vorgegangen. Die Organisation erreichte zudem die Einstellung von Nuklearversuchen in der Nähe von Beluschja Guba auf Nowaja Semlja, selbst wenn das Testgebiet auf dieser Insel in der Barentssee 900 km entfernt war.

Weniger glücklich verliefen die Proteste gegen die massenhafte Abholzung der sibirischen Wälder. Diese stand den Rodungen im Amazonasgebiet in nichts nach, wurden aber von der Weltöffentlichkeit kaum beachtet. Die Malyschews hofften auf die anstehende Umweltkonferenz auf Grönland. Vielleicht konnte die internationale Gemeinschaft Russland dazu bewegen, die Fällungen einzustellen oder zumindest zu reduzieren. Riesengroß war ihre Hoffnung allerdings nicht.

Der russische Staat betrachtete die Umweltbewegungen zunächst gleichgültig bis wohlwollend. Allmählich wurden ihm die Mitglieder allerdings zu aufmüpfig. Die Regierung versuchte, die Gruppen finanziell trockenzulegen mit einem Gesetz, das ausländische Unterstützung von NGOs verbot. Die Organisationen wurden in die Nähe von Saboteuren und Staatsfeinden gerückt.

Die Malyschews zogen sich offiziell aus ihrer Bewegung zurück. Begründung war für sie der Umgang der Staatsmacht mit angeblichen Gegnern. Der Fall Alexei Nawalny vor vielen Jahren hatte den letzten Ausschlag zu diesem Schritt gegeben. Offen gegen den Staat vorzugehen glich einem Selbstmordkommando. Das sahen die meisten Aktivisten so. Umso intensiver vernetzten sie sich heimlich, im Untergrund.

* * *

Wir, der *smarte* Breitwegerich, hatten aus gutem Grund die Wälder Russlands ins Auge gefasst. Wir erforschten sie bis in die winzigsten Einzelheiten – Landschaft, Flora, Fauna und die humanen Bewohner. Die Familie Malyschew fand unsere besondere Aufmerksamkeit.

10 Suizid

Die Menschheit begeht Selbstmord. Er ist dabei, die Grundlage seiner Existenz zu zerstören. Er ist intelligent genug, sich sein Leben so angenehm wie möglich zu gestalten. Er muss essen, trinken, atmen, sich fortpflanzen, vor Kälte, Sturm, und Erdbeben schützen und kann diese Bedürfnisse auf einfache Art befriedigen. Die sozialen Strukturen hat er über viele Generationen so aufgebaut, dass sich nicht jedes Individuum um alles selbst kümmern muss. Das Individuum macht das, was es am besten kann, entsprechend seinen Begabungen, seiner Fähigkeiten und seiner Ausbildung. Diese Tätigkeit erledigt er für all die Vielen, die dazu nicht in der Lage sind. Dafür werden seine Grundbedürfnisse von denen versorgt, die das am besten können. So gibt es Landwirte, Arbeiter im Wasserwerk, Hersteller von Kleidung usw.

Doch der Mensch hat nicht nur *Grundbedürfnisse*, er will auch Kunst, Musik, Unterhaltung. Dazu dienen Film, Fernsehen, Theater, Museen, Romane, Rätsel. Er braucht den Adrenalin-Kick. Dafür fährt er Achterbahn, macht Apnoetauchen, Bungee-, Klippen- und Fallschirmspringen, klettert auf Fünf-, Sechs-, Sieben- und Achttausender.

Er will Schönheit in Mode, Einrichtung, Design, Frisur …

Er hat gelernt, seine natürlichen Kräfte enorm zu erweitern mit Motoren aller Art, mit Bagger, Kran und Dampfwalze. Seine Bewegungsmöglichkeit hat er verbessert mit Hilfe von Fahrrad, Motorrad, Auto und Eisenbahn. Seine natürliche Umgebung kann er verlassen, erhebt sich in die Lüfte, reist über das Wasser und unter das Wasser; benutzt dazu Flugzeuge, Schiffe und Unterseeboote. Selbst in den angrenzenden Weltraum hat er es geschafft mit Raketen und ein paarmal hat er den Mond besucht. Eine Marsmission ist in mehr oder weniger konkreter Planung. Und Aggressionen trägt er nicht mehr nur mit den Fäusten aus, sondern mit einer Fülle an Waffen, vom Schwert bis hin zur Atombombe.

Der Mensch ist neugierig. Alles will er wissen und er hat vieles herausgefunden, über sich selbst, seinen Aufbau, seine Organe, seine Krankheiten und deren Heilung. Über uns, den Breitwegerich weiß er vieles und fast alles über unsere Schwestern im Pflanzenbereich. Im Tierreich kennt er sich aus, bei Viren, Bakterien, Einzellern ebenso.

Physik, Chemie, Geografie, Universum, Urknall ... alles hat er erforscht oder er ist noch dabei.

Atome und ihre Bestandteile, Moleküle, Stoffe – die lernte er zu analysieren und er kann sie verändern. Schöne und nützliche Dinge hat er für sich geschaffen: haltbare Metalle, Kunststoffe, Rechner, Gebäude, Straßen mit Brücken und Tunneln.

Bei alledem entstand Abfall und es entstanden Gifte, die anfangs in die Luft geblasen oder ins Wasser abgeleitet wurden. Der Mensch ging davon aus, dass die riesige Verdünnung Abfall und Gifte unwirksam machen würde. Später erkannte er, dass das nicht der Fall war. Es kam zu schädlichen Einflüssen auf Tier- und Pflanzenwelt. Artensterben wurde registriert und beschrieben. Fluorchlorkohlenwasserstoffe, mit FCKW abgekürzt, zerstörten die Ozonschicht der Atmosphäre, Kohlendioxid und Methan führten zu einer Erwärmung mit Kettenreaktionen in allen Bereichen: Abschmelzen von Polarkappen und Gletschern, Anstieg des Meeresspiegels, Ausbreitung von Wüsten, verstärkt durch riesige Abholzungen im Amazonasgebiet und in Sibirien.

Die Probleme wurden erkannt, aber von vielen heruntergespielt. Bei den FCKW konnte der Mensch Abhilfe schaffen, sie wurden kurzerhand verboten – gegen heftigste Proteste der Hersteller. Bei Erderwärmung und Artensterben versagten alle ersonnenen Strategien, die die Probleme beseitigen sollten. Versagen hätten sie nicht müssen, doch sie wurden kaum durchgesetzt.

Der Mensch ist ein Schädling. Er hat noch nicht ausreichend verstanden, dass er sich umbringt, dabei ist, sich auszurotten. Er begeht Selbstmord, den Suizid.

Ein schwer Alkohol- oder Drogenabhängiger begeht ebenfalls Selbstmord, einen Selbstmord auf Raten. Das will er sich nicht eingestehen, denn dann als Konsequenz müsste er aufhören; doch die Sucht ist stärker, sie blockiert die Selbstbesinnung und die Selbstbestimmung.

Die Menschheit müsste ebenso aufhören mit ihrem zerstörerischen Verhalten, doch sie macht weiter. Die Sucht ist auch hier zu stark – das Verlangen nach Bequemlichkeit, die Habsucht der Produzenten, ihren materiellen Reichtum ins Unendliche zu vermehren, die Gier nach Macht.

*

Doch die *Krone der Schöpfung* begeht nicht nur Selbstmord, sie begeht einen erweiterten Selbstmord oder Homozid-Suizid, einen *Suizid* mit *Homozid*, eine *Sich-Fällung* mit vorhergehender *Mensch-Fällung*. Der Mitmensch wird manchmal gefragt, ob er mit in den Tod gehen will, manchmal nicht. Wird er gefragt, gibt er unter Umständen sein Einverständnis.

Heinrich von Kleist erschoss 1811 zuerst Henriette Vogel und dann sich selbst. Sie war einverstanden damit, erklärte das eindeutig in ihrem Abschiedsbrief. Sie hatte Gebärmutterkrebs.

Nie geklärt wurde, ob die kranke Petra Kelly sich 1992 den Tod durch ihren Partner Gert Bastian gewünscht hatte. Er erschoss sie im Schlaf (Homozid) und dann sich selbst (Suizid).

Der Pilot Andreas Lubitz riss 150 Menschen mit sich in den Tod, als er 2015 seinen Airbus zum Absturz brachte. Das Einverständnis seiner Fluggäste und der Crew hatte er nicht.

Ebenso eindeutig ohne Zustimmung der Opfer hatte 2020 Tobias Ratjen gehandelt, als er neun Menschen in Hanau erschoss (Homozide) und anschießend sich selbst (Suizid) und seine Mutter (Homozid).

Derer Beispiele gibt es viele. Die Menschheit in ihrer Gesamtheit reißt die Natur mit sich in den Abgrund. Sie begeht einen *Naturazid-Suizid*. Wir, der *smarte* Breitwegerich als Vertreter der Natur, wir wurden nicht gefragt.

Wir können den Menschen nicht gewähren lassen. Und wir haben die Möglichkeit, ihn zu bremsen.

11 Sektion

Professor Peter Schrötke war verwundert. Einem normalen Spaziergänger wäre die Pflanze nicht aufgefallen, dem Biologen aber schon. Irgendetwas schien mit dem Breitwegerich nicht zu stimmen. Die Proportionen waren ungewöhnlich, wenn auch nicht extrem auffällig. Lange überlegte der Wissenschaftler nicht, seine Neugierde war gepackt. Er zückte seinen Unkrautstecher, den er neben dem Taschenmesser immer mit sich führte. Den Griff konnte er abschrauben, so dass er bequem in eine Tasche seiner Cargohose passte. Schrötke hob die breiten Blätter an, setzte das Gerät drei Zentimeter neben dem Strunk an und stach mit einem Ruck in die Tiefe. Eine kleine Hebelbewegung und er konnte das seltsame Exemplar aus der Tiefe ziehen.

Die meisten Wurzeln blieben erhalten. Die Pflanze wäre ohne Probleme an einem anderen Standort wieder eingewachsen, aber das war es nicht, was der Professor mit ihr vorhatte. Dieses Exemplar wollte er untersuchen.

Zu Hause angekommen wartete er nicht lange. Unter einer grellen Lampe studierte er mit Hilfe einer Lupe das Äußere. Ihm fielen die Wurzeln auf, die dicker, kräftiger waren als er sie kannte, selbst sein Filzmooser Exemplar hatte keine derartig verdicke Radix. Aber nicht nur sie, sondern auch die Verzweigungsstelle der Blätter und die Stiele waren kräftiger. Am Übergang zwischen Wurzelstock und Blattstielen, oberhalb des Rhizoms, fand er einen merkwürdigen Knoten, etwa so dick wie das Endglied seines kleinen Fingers. So etwas gab es bei den gewöhnlichen Exemplaren nicht.

Schrötke nahm dann ein Skalpell zu Hilfe – wie ein Chirurg oder besser gesagt wie ein Pathologe. Er sezierte die Pflanze kunstgerecht, systematisch und gründlich. Dazu spannte er sie mit Stecknadeln auf ein Präparierbrett und legte vorsichtige Längsschnitte, die er mit seiner starken Lupe begutachtete.

Innerhalb der Wurzeln waren kräftige Faserbündel zu finden. Der Knoten oberhalb der Wurzeln war hohl, eine Art Zyste in der sich eine wässrige Flüssigkeit befand.

Der nächste Schritt erforderte mehr Vorbereitungen. Der Professor schnitt mit seinem Tisch-Mikrotom dünne Scheibchen von 40 Mikrometer Dicke. Aus einem Millimeter hätte er also 25 Scheibchen schneiden können. Einige dieser dünnen Plättchen legte er auf einen Objektträger und färbte sie an. Dazu benutzte er die W-3A-Färbung nach Wacker. Nach Entparaffinieren mit Xylol und Ethanol musste er nacheinander drei verschiedene Farbstoffe auftragen und dazwischen auswaschen. Der ganze Vorgang dauerte etwa eine halbe Stunde.

Dann kam das Präparat unter das Mikroskop. Und was Peter Schrötke hier sah, ließ ihm, wie jedes Mal, das Herz höherschlagen. Von Beginn seines Studiums an war er beeindruckt von der Schönheit, der Ästhetik und regelrechten Eleganz dieser mikroskopischen Präparate. Wie in einem abstrakten Bild erschienen die Zellen wie winzige, bunte Luftballons aneinandergedrückt und bildeten wunderschöne Strukturen, schwammartig. Würde man diese Bilder vergrößert in einer Galerie aufhängen, würde niemand daran zweifeln, dass es sich um farbenprächtige, musterartige Kunstwerke handelte. Im Fach Zoologie hatte er verblüfft registriert, dass die histologischen Schnitte von bösartigen Tumoren ebenfalls diese wunderbare Ästhetik aufwiesen – ganz im Gegensatz zu ihren verheerenden Folgen für das betroffen Tier.

Die Zellwände in den Querschnitten der Breitwegerichstängel schimmerten grün mit einer Tendenz ins Türkise, die verholzenden Zellwände leuchtend rot. Obwohl der Breitwegerich eine krautige Pflanze ist, weisen die Stängel und Leitbahnen verholzte Anteile für den Wasser- und Stofftransport aus. Die äußerste Schicht der Haut, die Epidermis, war gelb. Es folgten von außen nach innen in unregelmäßigen, konzentrischen Kreisen nach dem Gelb schwammartige hell-, dunkelblaue und grünliche Zellen, dann ein Ring kräftiges Rot mit sehr kleinen Zellen, das Xylem, der Holzanteil also. Seine Bahnen hatten überwiegend rote Anteile, aber auch fast schwarze Einsprenklungen. Nach innen schloss sich lockeres Zellgewebe an mit einer Übergangszone von Rot zu blassem Lila bis hin zu bläulichen und weißen Strukturen. Sie sahen aus wie pastellen gefärbter Schaum in einer Badewanne.

Insgesamt bestätigten die mikroskopischen Bilder das, was Schrötke schon bei der äußeren Inspektion und den Schnitten unter der Lupe erahnte. Das Fasermaterial war deutlich vermehrt, ebenso der verholzte Anteil.

Nach der Betrachtung, Sektion und Mikroskopie kam die intellektuelle Herausforderung. Wie sollte der Wissenschaftler seine Befunde bewerten? Wie sollte er sie interpretieren, wie in die Systematik der Pflanzenkunde einordnen?

* * *

Das war eine spannende Frage. Wir, der *smarte* Breitwegerich, griffen Schrötkes Gedanken ab. Wir beobachteten ihn genau. Wir verfolgten jeden seiner Schritte und Handlungen. War er kurz davor, uns zu enttarnen? Aus dem Zentrum der Blattrosette ragten bei unserem ausgestochenen und untersuchten Mit-Wegerich drei Blütenstände fast senkrecht in die Höhe. Zum Glück hatte Professor Schrötke übersehen, dass die Ähren an ihren oberen Enden Facettenaugen statt Blüten trugen. In dieser Region hatte er nicht nachgeforscht. Das lag wohl daran, dass diese Augen kaum auffielen, hier war nichts dicker oder plumper als an den *normalen* Exemplaren unserer Vorgänger.

12 Vergleich

Breitwegerich und Mensch unterscheiden sich in vielerlei Hinsicht, aber es gibt auch eine bescheidene Anzahl von Gemeinsamkeiten. Am übersichtlichsten lassen sich die Eigenschaften in Form einer Tabelle darstellen.

Eigenschaft	**Breitwegerich**	**Mensch**
Größe	3 – 30 cm	150 – 222 cm
Gewicht	50 – 100 g	50 – 100 kg
Farbe	überwiegend grün	beige, schwarz, rot, gelb
Geruch	keiner	unterschiedlich
Chromosomen	12	46
(fr)essbar	ja	prinzipiell ja
Benötigt organische Moleküle	nein	ja
Zu Heilzwecken geeignet	ja	nein
Als Orakel geeignet	ja	nein
Krankheitsanfälligkeit	kaum	ja
sterblich	nicht wirklich	ja
Bewegung	anfangs nein	ja
Gebrauch von Werkzeugen	anfangs nein	ja
Kommunikation	ja	ja
Sinnesorgane	anfangs nein	ja
Plantagonen-Wahrnehmung	ja	nein
Quantenmanipulation	ja	nein
Vernunft	ja	mäßig
Fantasie	nein	ja
Kunstverständnis	kaum	ja
Gesang, Musik	nein	ja
Gefühle	nein	ja
Lügen können	nein	ja
Schlaf	nein	ja
Traum	nein	ja
Beruf	nein	ja
Nation	nein	ja
Krieg	nein	ja

In vielen Bereichen war der Mensch uns, dem *smarten* Breitwegerich, deutlich überlegen. Das betraf in besonderem Maße die Sinnesorgane und die Beweglichkeit, doch wir machten uns daran, uns nach und nach all die Eigenschaften zu verschaffen, in denen der Mensch eindeutig im Vorteil war. Als wir verstanden hatten, wie das möglich war, gestalteten wir uns in rasantem Tempo um.

13 Entwicklung

Hätten wir, der *smarte* Breitwegerich, eine Gefühlswelt besessen, dann hätten wir aufgeregt sein müssen – aber wir hatten keine. Deshalb beschränkten wir uns darauf zu beobachten, was Peter Schrötke tat und welche Schlüsse er zog. Der Professor war kurz davor, unsere Veränderungen zu entdecken, denn was er fand, waren die ersten Umgestaltungen für unser Ziel, viele humane oder tierische Eigenschaften zu entwickeln.

Die verdickten Fasern, die ihm auffielen, waren abgewandelte Wurzeln. Hier hatten wir das Prinzip der *Zugwurzel* vervollkommnet. Durch Veränderung des Zellturgors konnten wir sie verkürzen und wieder erschlaffen lassen. Wir hatten unsere eigenen Muskelzellen erschaffen und damit unser pflanzliches Muskelsystem und einen pflanzlichen Bewegungsapparat.

Das war für uns nicht prinzipiell neu. Es gibt viele Beispiele aus der Flora, wo Pflanzen sich bewegen. Blumen richten ihre Blüten nach der Sonne aus. Einige fleischfressende Pflanzen, die Karnivoren, fangen ihre Beute mittels klebriger Sekrete, andere mittels Bewegung. Über empfindliche Härchen registrieren sie z. B. ein Insekt, dann kann unsere Verwandte, die Venusfliegenfalle, blitzschnell zuschnappen; die Beute ist gefangen und wird verdaut. Die Wasserschlauchgewächse gehen anders vor. Sie erzeugen einen Unterdruck in ihren Fangblasen. Am oberen Ende haben sie eine Öffnung, eine Art Mund, an dem ebenfalls Rezeptorhärchen sitzen. Werden sie von einem kleinen Opfer berührt, öffnet sich schlagartig der Mund, der Sog zieht wie ein Staubsauger das Tierchen ruckartig ihinein und die Falle schließt sich wieder.

Unsere Muskeln hatten eine andere Aufgabe. Sie konnten die Wurzeln aktiv aus der Erde ziehen und sich über der Erde zusammenkrümmen. Dann dehnten sie sich nach vorne aus, krallten sich dort fest und zogen sich zusammen. Das Ergebnis war: Die ganze Pflanze rutschte hin zu den Wurzelspitzen. Wir waren ab diesem Entwicklungspunkt in der Lage, uns fortzubewegen. Damit hatten wir bereits einen Nachteil gegenüber den humanen Wesen ausgeglichen. Wir hatten Beweglichkeit erreicht. Doch schon bald hatten wir gelernt, uns nicht nur plump vorwärts zu zerren. Wir haben viele Wurzeln. Wir konnten den grünen, oberirdischen Pflanzenteil elegant nach oben drücken und wie ein Insekt herummarschieren. Hätte uns Schrötke dabei beobachtet, hätte es ihn vielleicht an einen Weberknecht erinnert.

Doch mit unserer Beweglichkeit alleine konnten wir noch nicht viel anfangen. Ein großer Nachteil war, dass die Wurzeln keine Flüssigkeit und die darin gelösten Stoffe mehr aufnahmen. Schnell waren wir am Eintrocknen. Nach ein paar ›Schritten‹ mussten wir stehen bleiben, die ›Beine‹ wieder aktiv in die Erde schieben, Wasser aufsaugen, dann wieder herausziehen. Das wiederholte sich schon bei einem kurzen Gang etliche Male. So kamen wir nur langsam voran.

Die Lösung war der ›Magen‹. Das war die Zyste, die Professor Schrötke entdeckt hatte und mit der er nichts Rechtes anfangen konnte. Die Zyste enthielt unseren Wasser- und Energievorrat. Die Wurzeln zogen Wasser aus dem Boden, versorgten Blätter und Ähren und füllten den Magen. War er voll, konnten wir auf Wanderschaft gehen, so lange, bis der Vorrat aufgebraucht war. Dann hieß es wieder: stehenbleiben, Wurzeln in die Tiefe schieben, Vorräte auffüllen – und weiter ging es. Wir schafften damit erheblich größere Strecken.

Doch wo sollten wir hingehen? Die Frage ist nicht ganz richtig. *Wo* wir hingehen wollten, das wussten wir. Doch *wie* wir dort hingelangen sollen, das wussten wir nicht. Wir kannten die Welt und trotzdem tappten wir im Dunkeln. Wir nahmen nur auf, was fremde Augen sahen, was fremde

Sehzentren in fremden Gehirnen erkannten. Was um jeden Einzelnen von uns unmittelbar herum war, das konnten wir nicht sehen, da waren wir blind.

Folgerichtig benötigten wir Augen. Wir entschieden uns für die Facettenaugen der Insekten. Die waren leichter zu realisieren und waren nicht so auffällig; wir konnten sie leicht in den Ähren verstecken. Und Professor Schrötke hatte sie tatsächlich nicht entdeckt.

Hätten wir, der *smarte* Breitwegerich, Gefühle, wären wir sehr aufgeregt gewesen. So beobachteten wir und warteten ab – aber bereit, in jedem Moment einzuschreiten. Wir waren vorbereitet, sachlich und emotionslos. Wir blieben ›cool‹, wie unsere humanen Gegenspieler vielleicht gesagt hätten.

Peter Schrötke schrieb einen Bericht für ›Planta‹, die Fachzeitschrift für Botanik im Springer-Verlag. Titel seiner Arbeit: ›Agrobacterium tumefaciens beim Plantago major‹. Das *Bodenbakterium* mit dem Beinamen *tumormachend* kann bei verschiedenen Pflanzen zu Wucherungen führen, so zur Baumkrebs-Geschwulst oder zu Wurzelkropf. Der Professor beschrieb die gefundenen Veränderungen als einen Pflanzenkrebs, den er erstmals auch beim Breitwegerich dokumentieren konnte.

Hätte Schrötke die breiten Fasern als pflanzliche Muskelzellen identifiziert, die ›Zyste‹ als eine Art Magen – oder gar die Facettenaugen entdeckt, wäre er nicht mehr dazu gekommen, seinen wissenschaftlichen Beitrag zu verfassen. Obwohl wir bisher lediglich in der Lage waren, zu gehen und zu sehen, war es uns längst möglich, einem Lebewesen die Sauerstoffzufuhr abzuschneiden.

14 Wanderschaft

Das Abenteuer, beinahe enttarnt worden zu sein, hat uns, den *smarten* Breitwegerich, dreierlei gelehrt:

1) Unsere Muskeln durften nicht auffallen.
2) Unsere Augen durften nicht auffallen.
3) Wir durften überhaupt nicht auffallen.

Inzwischen waren wir in der Lage, unsere Gestalt erheblich weiter abzuwandeln. Für eine Übergangszeit schufen wir kleine Exemplare, den Zwergwegerich. Spaßeshalber gaben wir uns, wie es humane Wissenschaftler getan hätten, einen lateinischen Fachnamen: Plantago pumilionum, von *Pumilio* gleich *Zwerg*. Diese Exemplare waren nur ein bis zwei Zentimeter hoch, sie beachtete niemand mehr, und wenn doch, nahm er an, es sei nur ein neu gekeimter Vertreter unserer Art. Die Beweglichkeit hatten wir noch einmal erheblich verbessert, wir konnten zu Hunderten über eine Fläche flitzen. Wir sahen aus, wie wenn der Wind Blätter über den Boden schiebt.

So hätte auch Professor Schrötke sehen können, wie wir in Scharen durch die Mariendorfer Pfuhle huschten, aber diese Gelegenheit boten wir ihm nicht, auch keinen anderen Homos. Sahen wir Schrötke kommen, und wir konnten ihn ja sehen bei seinen Spaziergängen, oft zusammen mit seiner Tochter Saskia und seiner Frau Marga, blieben wir wie ›angewurzelt‹ stehen. War er noch so weit weg, dass er unsere Bewegung nicht erkennen konnte, flitzten wir hinter einen Löwenzahn oder versteckten uns in hohem Gras. Selbst Klee bot unserem Pumilio-Vertreter Schutz.

Zu Punkt zwei hatten wir ebenfalls eine Verbesserung entwickelt. Wurde ein Exemplar aufgehoben, stieß es die Augen aus. Das fiel nicht auf, und wenn, hatte es den Anschein, als wären ein paar Blüten oder später im Jahr Samenkörner abgefallen.

Und es gab weitere Fortentwicklungen. Wir bauten Muskeln in die Blattstiele und die Blätter ein, ebenso in die Ähren. So konnten wir uns festhalten, Dinge greifen und bewegen. Die Ähren lernten wir zu bewegen wie die Finger einer Hand. Weiterhin erhielt unser Magen einen Mund. Es dauerte viel zu lange, jedes Mal die Wurzeln in die Erde zu versenken und langsam und allmählich den Bauch zu füllen. So konnten wir jeden Tautropfen, den wir fanden, abschlürfen und aus jeder Pfütze trinken.

Die Blätter konnten, wie die Samen, ein gallertartiges Sekret absondern. So waren wir in der Lage, uns überall anzukleben, und wir schafften es, uns wie ein Insekt senkrechte, glatte Wände hinaufzubewegen und an der Decke entlangzukriechen.

Allerdings bemerkten wir einen riesigen Nachteil, den unsere Mobilität mit sich brachte. Die Exemplare, die auf Wanderschaft waren, hatten keinen Zugang mehr zum allgemeinen Bewusstsein und waren abgeschnitten vom Gesamtwissen und der allumfassenden Kommunikation. Wir begriffen, dass die Verbindung über die Erde ging. Zwar erreichten die Plagonen nach wie vor jeden von uns, doch die Erde scheint so etwas zu sein wie die universelle, weitgreifende Verbindung oder eine Art Reflektor oder Verstärker. Das wissen wir noch nicht genau. Jedes Individuum, das seine Muskelwurzeln aus der Erde zog, wusste nur noch das, was es zu diesem Zeitpunkt abgespeichert hatte. Seinen Auftrag kannte es und konnte ihn ausführen. Brauchte es neue Informationen, musste es die Wurzeln wieder in die Erde stecken.

Das war ein Problem, aber es war zu bewältigen und zu verkraften. Es hinderte es uns jedenfalls nicht daran, uns auf die Wanderschaft zu begaben.

Von Mariendorf in die Welt, das war der nächste Schritt unserer Strategie. Wir benutzten zunächst die BVG, die

Berliner Verkehrsgesellschaft, die Busse, U- und S-Bahnen, sowie auch einige Fähren betreibt. Wir versammelten uns an den Bushaltestellen; stellten uns unauffällig an die Bordsteinkanten. Den Fahrplan kannten wir. Kam der richtige Bus, klebten wir uns kurzerhand an den Reifen fest. Mit den Bussen ging es zur S-Bahn, mit dieser zum Bahnhof Südkreuz und zum Hauptbahnhof. Mit Zügen verbreiteten wir uns über Deutschland und weiter über Europa.

Vom nahen Flughafen Schönefeld aus ging es nach und nach in die ganze Welt – nein, über die gesamte Erde, korrekt formuliert. Niemand nahm Notiz davon, dass eine Armee von Mini-Breitwegerichen über das Flugfeld huschte.

In Jahresfrist hatten wir uns überall angesiedelt, wo es auch unseren Vorgänger, den Plantago major gab. Die Erde war besiedelt mit dem winzigen Plantago pumilionum. In alle Bereiche konnten wir vordringen. In die Wüsten gelangten wir wie einst unsere Vorgänger als ›Fußstapfen des weißen Mannes‹. Angeklebt an Kamelhufe und die Räder von Geländewagen kamen wir überall dort an, wo sich Menschen aufhielten. In der weiten Sahara hätten wir keine Lebensgrundlage gehabt, doch wo Menschen waren, hatten diese Wasser, und wo Wasser war, da waren auch wir.

›Wir‹, das ist einerseits die Gemeinschaft aller Breitwegeriche in ihren unterschiedlichen Erscheinungsformen, andererseits ist es ein einzelnes Individuum, das beispielsweise die spezifische Aufgabe bekommen hat, die Geschichte des *smarten* Breitwegerichs aufzuzeichnen. *›Wir sind wir und wir sind ich‹*

Auf eine Verbreitung in die Polregionen verzichteten wir. Wir hätten zwar auf Forschungsschiffen als blinde Passagiere mitfahren können, aber es war uns den Aufwand nicht wert, in der Nähe dieser paar Eiseremiten zu sein, die auf den wenigen Forschungsstationen ausharrten. Das Problem mit ihnen würde sich auf andere Weise lösen lassen.

15 Nuuk

Eqaluk war aufgeregt. Schon das Referendum über die Austragung der UN-Klimakonferenz auf Grönland hatte seine Nerven strapaziert. Er war eindeutig dafür gewesen; die Welt sollte sich an Ort und Stelle ansehen, was ihre Nachlässigkeit über viele Jahrzehnte in seiner Heimat bewirkt hatte, doch es gab heftigen Gegenwind. Gerade aus Gründen des Umweltschutzes wollten viele Landsleute eine derartige Riesenveranstaltung auf ihrer Insel vermeiden.

Dreißigtausend Grönländer hatten abgestimmt. Bis zum Schluss war es bei der Auszählung der Stimmen ein Kopf-an-Kopf-Rennen, schließlich wurde das Referendum mit acht Stimmen Vorsprung – sage und schreibe acht einzelnen Stimmen – angenommen.

Nun stand das nächste Volksbegehren an. Um die Veranstaltung umweltfreundlich zu gestalten, hatte jemand den Antrag gestellt, die Delegierten sollten in grönländischen Familien untergebracht werden. Die meisten würden nach Nuuk kommen mit seinen 20.000 Einwohnern. Und diese sollten möglichst ebenfalls 20.000 Teilnehmer aufnehmen. Damit müsste jede Familie drei bis fünf Gäste beherbergen. Das wäre bei der grundsätzlichen Gastfreundschaft der Grönländer überhaupt kein Problem, doch müssten auch die Landsleute, die gegen die Konferenz gestimmt hatten, Gäste beherbergen.

Eqaluk war Umweltaktivist der ersten Stunde. Eigentlich hieß er Jørgen Møller und Eqaluk war sein Spitzname, der bedeutete *Der Freundliche*.

Der Zusatzname ist wichtig für die Grönländer, er hat oft eine persönliche oder kulturelle Bedeutung. Als Beispiele können gelten: Nukappiaaluk *Der starke Kämpfer*, Aviaaja *Die weise Älteste*, Inuk *Der Mann*, Malu *Die Hoffnungsvolle*, Ujuaq *Die Kühne*, Sila *Der*

Himmel, Qaavigarsiaq *Der ehrgeizige Anführer*, Ivalo *Die Sonnenstrahlen* oder Najaaraq *Die starke Frau.* Es reicht sogar, wenn bei Wahlen einzig der Spitzname auf dem Stimmzettel steht. So wusste jeder, dass mit *Kuupik* Jakob Kleist gemeint war, Regierungschef um 2010. *Kuupik* bedeutet nichts anderes als ›Junge‹.

Die Eigenschaft der Freundlichkeit traf auf Eqaluk zu. Doch konnte er ungemütlich werden, wenn er es mit Dummheit oder Gleichgültigkeit zu tun bekam, und die war nicht so selten, wie er sich wünschte. Die Möglichkeit, mit einem Volksbegehren wichtige Entscheidungen zu treffen, empfand er als riesiges Privileg, das aber längst nicht alle Mitbürger wahrnahmen.

Seine Eltern hatten 1982 für den Austritt aus der Europäischen Wirtschaftsgemeinschaft, der späteren EU, gestimmt.

Die Grönländer waren empört gewesen über den Beitritt des Königreichs Dänemark zu dieser Gemeinschaft. Die Dänen hatten 1972 zu 63 % dafür gestimmt, die Grönländer zu 70 % dagegen, aber wegen der geringen Zahl der Wähler auf der Insel änderte sich so gut wie nichts am Gesamtergebnis. Daraufhin setzten die Grönländer alles daran, sich vom Festland abzukoppeln. Sie fanden die Zustimmung des dänischen Grönlandministers Knud Hertling. Die Regierungsform Grönlands wurde ab 1979 die *Hjemmestyre* nach dem Vorbild Nordirlands innerhalb Großbritanniens. Der Begriff bedeutet Heimverwaltung; *Hjemme* ›Heim‹ oder ›Zu Hause‹, *Styre* ›Lenkung‹ oder ›Steuerung‹ aus dem Dänischen. Und mit diesem Status gelang es ihnen, 1982 aus der EWG auszutreten. Eine Folge war der Grönland-

Vertrag mit der EG, die unter anderem Fischereirechte in grönländischen Gewässern erhielt, dafür aber jährlich 200 Millionen Dänische Kronen zahlte. Der Austritt war eine Blaupause für den späteren Austritt Großbritanniens aus der EU.

Ein weiteres wichtiges Referendum fand 2008 statt. Die Grönländer forderten weitere Unabhängigkeit, insbesondere auch die Hoheit über die Rohstoffe der Insel, die formal immer noch dem dänischen Mutterland gehörten. Acht Jahre lang arbeiteten verschieden zusammengesetzte Kommissionen die *Selvstyre* aus, was ›Selbstverwaltung‹ bedeutet oder ›Selbst-Steuerung‹. Das 600 Seiten starke Gutachten gelangte im November 2008 zur Abstimmung und wurde mit 76 % abgenommen. Die Selvstyre wurde zur neuen Regierungsform. Die Wahlbeteiligung betrug nur 72 %. Eqaluk ärgerte sich darüber, selbst wenn er damals noch gar nicht wählen durfte; doch dass jeder vierte Grönländer die Chance, in so einer wichtigen Angelegenheit mit abzustimmen, überhaupt nicht wahrnahm, dafür hatte er kein Verständnis. Am 21. Juni 2009, dem grönländischen Nationalfeiertag, trat das Gesetz in Kraft und Grönland erhielt seine Selbstverwaltung. Königin Margrethe II. überreichte das Gesetz dabei feierlich an Parlamentspräsident Josef Motzfeldt.

Und nun die Abstimmung über die Unterbringung der Teilnehmer der Klimakonferenz. Eqaluk hätte sich keine großen Sorgen machen müssen, das Referendum wurde mit über 80 % angenommen. Wahrscheinlich konnten sich viele der Gegner mit dieser Form der Beherbergung arrangieren. Für sie war wichtig, dass nicht massenweise neue Hotels gebaut werden mussten, die später sowieso nur leerstehen würden.

Nuuk sollte nach dem Verteilerschlüssel 20.000 Teilnehmer aufnehmen. Einzelne Sitzungen und Seminare fanden in anderen Städten statt, so in Sisimiut (2750 Teilnehmer), Ilulissat (2500), Aasiaat (1500), Qaqortoq an der Südspitze (1500), Maniitsoq (1250), Uummannaq (750), Qasigiannguit (500) und Paamiut (500). Somit kämen in den genannten Orten jeweils ein Gast auf zwei Einwohner. All diese Orte liegen an der Westküste und sind durch Schiffsverkehr miteinander verbunden. Flughäfen haben neben Nuuk zudem Ilulissat, Uummannaq, Aasiaat, Maniitsoq und Paamiut.

Straßen zwischen den Ortschaften gibt es keine. Nach wie vor spielen Schlittenhunde und Schneemobile eine große Rolle für den Verkehr auf Grönland. Allerdings werden sie kaum für Routinefahrten zwischen den Siedlungen genutzt, sondern überwiegend für kürzere Wege in die Umgebung, insbesondere für die Jagd, zum Fischfang und natürlich für Touristen. Und natürlich nur im Winter. Und der dauert lang. In Qaanaaq im Norden kann es Frost bis in den Juni hinein geben, ab September sinkt das Thermometer wieder unter den Gefrierpunkt. Nuuk ist immerhin das halbe Jahr frostfrei und im Juli gibt es schon mal sagenhafte elf Grad plus. Qaqortoq im Süden bietet sogar acht Monate im Plusbereich und eine maximale Temperatur bis zu dreizehn Grad.

In Nuuk selbst sollte ein großes Hotel errichtet werden, weil damit gerechnet wurde, dass sich nicht alle Delegierten in die familiäre Häuslichkeit würden begeben wollen. Auf ganz Grönland gab es nicht einmal tausend Hotelbetten. So sollten nochmals tausend hinzukommen. Als besonderen Reiz hatte man sich ausgedacht, ein Eishotel für Hartgesottene zu bauen wie sie immer wieder in Alaska, Kanada oder Finnland errichtet werden. Das wären aber nicht mehr als hundert zusätzliche Betten.

Mit Riesenbauten hatten die Nuuker ihre eigene, schlechte Erfahrung gemacht.

In den 1960er Jahren wurden im Rahmen des Aufbauprogramms G60 mehrere Wohnblocks gebaut. Grönland sollte ›modern‹ werden. 1721 hatten es die Dänen als Kolonie in Besitz genommen und in seinem unterentwickelten Zustand belassen. Sie interessierten sich hauptsächlich für die Produkte: Ganz Europa wurde mit tierischen Fetten versorgt. Fisch-, Krabben- und Robbenfang für die Pelzherstellung, Jagd auf Wale, Eisbären, Rentiere, Hasen und Vögel waren weitere Einnahmequellen für das Königreich.

Durch US-amerikanische Präsenz während des zweiten Weltkriegs lernten die Insulaner eine andere Lebensweise kennen und begannen aufzubegehren. Damit sie sich nicht Amerika zuwenden würden, beendeten die Dänen den Kolonialstatus. Dazu wurden viele Veränderungen in Angriff genommen, so im Bau- und Schulwesen, der Verwaltung und Wirtschaft. Daraus entstand die G50-Politik, eben in den 1950er Jahren. Nach zehn Jahren wurde sie überprüft und nachgebessert, auch was auch den Wohnungsbau betraf. Wohnblocks sollten das Leben angenehmer gestalten. Das größte Gebäude, das größte auf Grönland und sogar im gesamten dänischen Königreich, war Blok P mit 320 Wohnungen. Darin lebten etwa 600 Menschen, ein Prozent der gesamten Bevölkerung der Insel. Luxus wurde eingeführt: Türklinken, Heizung und fließend warmes Wasser. Die Wohnungen waren sehr gefragt und die Kontinentaldänen wurden neidisch. Eine Zeitung titelte: »Jetzt leben die Grönländer besser als die Dänen.«

Doch die Begeisterung hielt nicht lange an. Garderobe und Türen waren zu klein für die schwere Bekleidung. Fischfangausrüstung wurde auf Fluren und Balkonen gelagert und versperrte die Ausgänge. Oft waren die Abwasserleitungen verstopft durch geronnenes Blut, nachdem man Jagdbeute und Fische in der Badewanne ausbluten ließ. Zudem entstand ein neues Selbstbewusstsein in der Bevölkerung. Alles Moderne galt, da von den Dänen stammend, als neo-kolonialistisch. Es zerstörte die Identität der Inuit. Leben im Blok, anfangs heiß begehrt, galt nun als minderwertig und schäbig. Das Gebäude wurde nicht mehr gewartet, verfiel und war bald ein sozialer Brennpunkt.

2012 dann die brutale Lösung: Abriss! Zuvor musste neuer Wohnraum für die Bewohner geschaffen werden. Ein neuer Stadtteil wurde aufgebaut: Qinngorput, ›Unser Fjordende‹. Es entstanden wieder Wohnblocks, aber geräumiger, moderner, mit maximal dreißig Wohnungen pro Haus. Blok P wurde über einen Zeitraum von sieben Monaten abgerissen. Als sich die Arbeiten im Oktober dem Ende zu neigten, erschienen viele Zuschauer. Die letzte Fassade kippte allerdings nicht vom Abrissbagger weg, sondern auf ihn zu und vergrub ihn unter sich. Der Fahrer konnte geborgen werden und überlebte schwer verletzt.

Die Dokumentarfilmerin Rikke Diemer nahm per Zeitraffer den gesamten Abriss auf und veröffentlichte ihn als zweieinhalbminütigen Film mit dem Titel ›Blok P Time lapse‹. Einen weiteren Film gibt es, zusammen mit Peter Jensen mit dem Titel ›Blok P Erindringer‹, *Erinnerungen.* Hier sind Interviews mit Bewohnern zu sehen, allerdings in Dänisch. Eingestreut sind immer wieder Szenen vom Gebäude und dem Abriss. Nach 32 Minuten und 20 Sekunden ist der Zusammenbruch der letzten Wand zu sehen; wenig später sieht man, wie der verletzte Baggerfahrer geborgen wird.

Eqaluks Eltern waren seinerzeit mit unter den Schaulustigen gewesen. Immer noch stockt ihnen der Atmen, wenn sie von dem Einsturz erzählen. Alle Umstehenden waren fassungslos gewesen, niemand hatte damit gerechnet, dass der Baggerfahrer lebend aus dem Schutthaufen herausgeholt werden könnte.

Und nun nochmals ein riesiges Gebäude, wenn auch längst nicht so groß wie Blok P. Der Rohbau stand bereits, in einem Jahr musste alles fertig sein. Es gab wenig Protest gegen den Bau und er hatte kaum Chancen auf Erfolg. Internationale Geldgeber bezuschussten ihn großzügig, sodass er den meisten Landsleuten willkommen war. Projekte für die Nutzung nach der Umweltkonferenz gab es reichlich, aber die hielt Jørgen Eqaluk Møller für reines Wunschdenken.

16 Antigon

Kenntnisse über unsere nahe und ferne Umgebung bis hin zum Weltall hatten wir, der *smarte* Breitwegerich, durch die wundersame Kreuzung des Filzmooser mit dem Mariendorfer Plantago major erhalten. Das Prinzip dahinter fußt auf der Existenz der Plantagonen, jener Art von Bosonen, die den humanen Wissenschaftlern nach wie vor verborgen ist.

Wesentlich allerdings für die Möglichkeit, unseren Genotyp und damit auch den Phänotyp, unser äußeres Erscheinungsbild, abzuändern, ist die Tatsache, dass es ein Anti-Plantagon gibt. Zu jedem Kernteilchen gibt es ein Anti-Teilchen. Bei den *Elektronen* ist es das positiv geladene *Positron*, bei Protonen einfach das *Anti-Proton*, welches eine negative elektrische Ladung hat. Manche Teilchen oder Bosonen, wie das Photon, sind ihr eigenes Antiteilchen.

Bei den Plantagonen aber gibt es, ein Glück für uns, das Anti-Plantagon. Dieses fünfsilbige Wort kürzen wir ab zu ›Antigon‹. Wir, der *smarte* Breitwegerich, bestehen aus Körperzellen wie jede andere Pflanze auch. Mit den Sensoren in unserem Myzel können wir die Plantagonen empfangen und ihre Inhalte entschlüsseln.

Über das Antigon empfangen wir keine Informationen aus unserer näheren oder weiteren Umgebung, stattdessen können wir Impulse aussenden, wohin wir wollen. Und dort tut das Antigon das, was wir wünschen. Mit ihm haben wir die Möglichkeit, Atome zu *schubsen*. Wie mit dem Queue eine Billardkugel stoßen wir ein beliebiges Atom an eine beliebige andere Stelle. Auch das ist eine Eigenschaft unseres fabelhaften Myzels. Wir machen Chemie ohne chemische Anlagen, Chemie im Mikrobereich. Und für diesen Mikrobereich haben wir fürs erste unsere eigene DNA auserkoren.

Es mag Zufall sein, dass der Name *Antigon* an die griechische Sagengestalt *Antigone* erinnert. Diese junge Frau wurde von ihrem zukünftigen Schwiegervater Kreon, dem Herrscher von Theben, zum Tode verurteilt, weil sie sich einem seiner Befehle widersetzt hatte. Er hatte angeordnet, dass Polyneikes, Antigones Bruder, der im Kampf getötet worden war, nicht bestattet werden dürfe. Sie jedoch stellte die göttlichen Aufgaben über die Anweisungen eines Herrschers, bestattete Polyneikes rituell und wurde verraten. Dafür wurde sie selbst zum Tode durch Verhungern verurteilt. Dieser Marter entzog sie sich durch Erhängen. Daraufhin töteten sich auch Haimon, Antigones Bräutigam und danach Eurydike, seine Mutter. Kreons Einsicht, aus Hybris gehandelt und seine Nächsten, Sohn und Gattin, verloren zu haben, kam zu spät.

Das Göttliche hat nach dieser Sage oberste Priorität. Menschliche Selbstüberschätzung führt zu Chaos und Untergang. Die humane Art in ihrer Gesamtheit war auf dem Weg, ihre eigenen Grundlagen und damit auch die unseren zu zerstören. Mit dem Antigon waren wir in die Lage gesetzt gegenzusteuern. Antigone war in der Welt gescheitert, moralisch hatte sie gesiegt. Wir werden weltlich und moralisch siegen.

Die Nukleotide einer DNA können wir nämlich beliebig austauschen, dazu benötigten wir keine CRISPR/cas-Genschere. Wollen wir an einer Stelle in der DNA Cytosin haben statt Guanin oder Thymin statt Adenin, dann befördern wir die entsprechenden Atome dort hin. So können wir nicht nur die Nukleotide austauschen, sondern ganze Genabschnitte nach unseren Wünschen aufbauen.

Ein kleiner Schritt für ein Pflänzchen, aber ein Riesenschritt für die Flora.

Wir mussten experimentieren, um herauszufinden, wie sich Änderungen im Erbgut auf unsere Organe und auf unser Erscheinungsbild auswirken. Bis zu Resultaten, die übermäßig vielen Fehlversuche eingeschlossen, hätte es ewig lange gedauert, denn bei jeder Veränderung hätte Samen produziert werden müssen. Als Kältekeimer hätte er einmal Frost abbekommen müssen und erst im nächsten Frühjahr hätten wir das Ergebnis erhalten: Erfolg oder Misserfolg.

So war unsere erste Maßnahme: Weg von der Kältekeimerei, Beschleunigung der gesamten Befruchtung, Samenbildung, Keimen und Auswachsen. Die humanen Genetiker forschen an Bakterien wie dem Escherichia coli. Hier könnten sie nach wenigen Stunden die Nachfolgegeneration beobachten. Oder sie forschen an den Taufliegen, die nach zehn Tagen geschlechtsreif sind und nicht an Elefanten, die sich erst im zwanzigsten Lebensjahr paaren.

Und mussten unsere Mutanten wirklich fünfundzwanzig Zentimeter wachsen? Selbst die zwei Zentimeter für den Plantago pumilionum waren uns zu lang. Um Resultate zu sehen, genügten uns Nachkommen von ein bis zwei Millimetern Größe. Wir schafften es, in einer Woche drei Generationen zur Ausreifung zu bekommen.

Ein großes Hindernis galt es aber zu überwinden. Ein Molekül lässt sich nicht einfach abändern, ein Atom nicht so ohne weiteres herumschubsen, oft sind große Energiemengen dazu erforderlich. Auch die Billardkugel rollt nur dann, wenn sie über den Queue die Bewegungsenergie des Spielers übertragen bekommt, die er ihr wohldosiert und zielgerichtet verpasst.

Aufbrechen eines Moleküls erfordert in der Regel Energiezufuhr, bei der Synthese eines Moleküls dagegen wird in der Regel Energie frei. Ein einfaches Beispiel mag die Wasserstoffgewinnung aus Wasser sein. Um das Molekül Wasser aufzuspalten in Wasserstoff und Sauerstoff, muss ich Energie zuführen, in diesem Fall in Form von elektrischem Strom. Daran versucht sich gerade die humane Gemeinschaft oder zumindest ein Teil von ihr. Füge ich Wasserstoff und Sauerstoff wieder zu einem Molekül Wasser zusammen, wird Energie freigesetzt. Der Wasserstoff oxidiert, verbrennt quasi, und wie bei jeder Verbrennung wird dabei Wärmeenergie freigesetzt. Diese Energiequelle streben die Homos als Alternative zu Erdgas an. Weit sind sie damit nicht gekommen.

Letztendlich ist der Betrag an verbrauchter Energie gleich null, wenn man Wasser zerlegt und anschließend wieder synthetisiert. Das besagt schon das uralte Energieerhaltungsgesetz, zu Beginn des neunzehnten Jahrhunderts von mehreren Wissenschaftlern aufgestellt.

Das Dilemma für uns war: Wie sollten wir, der *Plantago sapiens*, die Energie aufbringen, um Moleküle umzugestalten? Wasser bleibt Wasser, wenn dem Sauerstoff nicht mittels Strom Elektronen entwendet und dem Wasserstoff zugeführt werden.

Die Lösung liegt in der Natur des Antigons selbst. Wir erkannten oder erspürten mit unseren Plantago-Sinnen, dass es ein Mikro-Raum-Zeit-Paradoxon gibt. Gleichzeitig mit einem gezielten Antigon-Strahl lässt sich eine *Absicht* versenden. Der Strahl lässt sich durch die *Absicht* modulieren. Besteht die *Absicht*, unmittelbar auf eine energieverschlingende Reaktion eine energieliefernde Reaktion folgen zu lassen, wird die kurzfristig benötigte Energie vom Antigon bereitgestellt. Anschließend bekommt es den gleichen Anteil zurück. Beide Reaktionen erfolgen schlagartig aufeinander, beide gelingen. Das Energieerhaltungsgesetz bleibt gewahrt. Wird der Antigonenstrahl ohne Absicht moduliert, misslingt die chemische Reaktion. Es passiert rein gar nichts.

Wir, der *smarte* Breitwegerich, waren bald Experten der Antigon-Synthese, wie wir sie nannten. Wir beschränkten uns nicht auf Moleküle. Nach dem gleichen Prinzip des Raum-Zeit-Paradoxons konnten wir Atome beliebig umwandeln, auch ihre Bestandteile, Protonen, Neutronen, Elektronen und sogar ihre Elementarteilchen hatten wir unter unserer Kontrolle.

So war es uns zum Beispiel ein Leichtes, den Stickstoff in der Atmosphäre in Kohlenmonoxid umzuwandeln.

17 Anpassung

Zunächst mussten wir, der *smarte* Breitwegerich oder der *Plantago sapiens*, einige Anpassungen an uns selbst vornehmen. Für unsere Aufgaben waren wir noch nicht optimal ausgestattet, an verschiedenen Stellen oder Organteilen waren Umstellungen notwendig.

> Die folgenden Schilderungen mögen langatmig und ausschweifend klingen, doch bereiten sie das Verständnis der kommenden Ereignisse vor.

Leider war es dem entwurzelten Individuum nicht mehr möglich, als Teil der Gesamtheit aller Breitwegeriche zu handeln. Es musste entsprechend seinem speziellen Auftrag alle Schritte selbst ausführen. Dabei gab es ein großes Hinderniszu überwinden. Bisher steuerten wir die einzenlen Organellen wie Wurzelbeinen, Magen oder Augen von allen Pflanzenbestandteilen aus – sowohl vom Myzel, den Blättern mit ihren Stängeln und den Ähren ausgehend.

Stattdessen konzentrierten wir die Aufgaben jetzt an einer Stelle im Myzel. Das war die Schaltzentrale, das Rechenzentrum, sozusagen das Gehirn. Als nächstes benötigten wir ein Leitungssystem, das Informationen vom Myzel zu den Muskeln schicken konnte, analog dem Nervensystem der Tierwelt. Dafür wandelten wir weitere unserer Fasern ab.

Die vielen Blätter waren für bestimmte Aufgaben hinderlich, wir reduzierten sie nach und nach. Das brachte allerdings zwei Nachteile mit sich. Die Photosynthese mittels Chlorophyll verschwand in erheblichem Ausmaß. Unsere Lösung: Aufnahme von pflanzlicher Nahrung. Wir synthetisierten nicht mehr selbst, sondern lebten von dem, was die Pflanzen in unserer Umgebung aufgebaut hatten. Das bedeutete: Wir mussten ein Maul ausbilden, mit dem wir Gräser, Klee, Löwenzahn, Luzerne und alles, was grün ist, abnagen konnten. Folge davon war die Notwendigkeit nicht nur des Magens, den wir schon hatten, sondern eines gesamten Darmsystems, mit dem wir das Futter verwerten konnten. Und noch eine Notwendigkeit entstand: Ein Ausscheidungsorgan wurde notwendig, denn nicht alles aus dem Löwenzahn war auch dem Breitwegerich bekömmlich.

Der zweite Nachteil der Blattreduzierung war der verminderte Gasaustausch. Wir benötigten nach wie vor Kohlendioxid für die restliche Syntheseleistung, zunehmend aber auch Sauerstoff für energieverbrauchende Tätigkeiten, vornehmlich unserer Muskeln. Auch hier kopierten wir die Errungenschaften der tierischen Evolution: Wir erschufen uns Lungen. Ein Brustkorb wurde erforderlich, dazu Muskelwurzeln, die ihn wie einen Blasebalg bewegten.

Somit hatten wir, ähnlich den tierischen Wesen Hirn und Nervensystem, einen Verdauungstrakt und einen Atemapparat. Wir sahen nun nicht mehr aus, wie die elegante Ursprungspflanze mit ihren breiten, saftig grünen Blättern und den eleganten Ähren, die wie Antennen aus der Mitte emporragten. Hätte Professor Schrötke eines dieser Exemplare entdeckt, hätte er es unmöglich für eine Abart des Breitwegerichs halten können – eher aber für eine bisher gänzlich bisher unbekannte Art. Er hätte schon eine Genanalyse vornehmen müssen, um unsere Identität herauszufinden, was trotz der Änderungen gelungen wäre. Nunmehr waren wir eher ein klumpiges Gebilde wie eine atmende Kartoffel mit ein paar Auswölbungen, wie dem rüsselartigen Maul mit scharfen Zähnen am vorderen Ende. Weitere Auswüchse, die restlichen Blätter und die Ähren, glichen den Keimlingen des Erdapfels mit winzigen Augen an der Spitze und am unteren Ende recht kräftigen Wurzelbeinen. Allerdings erschienen wir nicht kompakt wie diese Knollen. Vielmehr waren wir ein Geflecht aus ineinander verwobenen und verfilzten Fasern. Am ehesten glichen wir einem Topfreiniger mit seinen verzwirbelten Stahl- oder Plastikspiralen.

Was noch fehlte, war eine Kommunikationsmöglichkeit der nicht wurzelnden Individuen untereinander. Ein erstes System hatten wir schnell entwickelt, eine Art Morsesystem. Wir konnten unsere Ähren bewegen und das Gegenüber konnte diese Bewegung sehen, so morsten wir uns unsere Botschaften winkend zu.

Doch wir hatten den Ehrgeiz, Hörorgane zu schaffen. Der Schall ist ein hervorragendes und schnelles Mittel, Informationen zu übertragen. Wir spezialisierten kleine Blättchen zu einer Art Trommelfell. Dort entstanden elektrische Impulse, die wir mit unseren pflanzlichen Nervenbahnen zum *Gehirn* leiten konnten.

Als Gegenstück wurde ein Organ zur Lauterzeugung erforderlich. Auch hier nutzten wir vorhandene Modelle, die die Natur über Jahrmillionen im Tierbereich entwickelt hatte: ein kehlkopfartiges Gebilde.

Unser neurologischer Klumpen im Myzel musste differenziert werden. Wir benötigten ein Seh- und ein Hörzentrum. Wenig später kamen Geruchs- und Geschmackszentrum hinzu. Denn wir wollten wissen, wie der Löwenzahn schmeckt und wie Pferde, Kühe und Autos riechen. Auch benötigten wir einen Schaltbereich für die Motorik und die Sensibilität. Denn *fühlen* wollten wir auch: War ein Gegenstand rau oder glatt, hart oder weich, warm oder kalt? Wir schufen uns konsequenterweise ein motorisches und sensorisches Zentrum.

Aus der Vergleichsliste zwischen Breitwegerich und Mensch hatten wir damit einige Punkte angeglichen. Es fehlte die Möglichkeit, aufgenommene Nahrung aus Magen und Darm, aber auch Kohlendioxid und Sauerstoff aus der Lunge zügig zu den Muskeln zu schaffen. Auch das Zentralnervensystem, das jetzt in einem Knoten konzentriert war, benötigte mit der Zunahme seiner Aufgaben immer mehr Energie. Für den Transport der Stoffe wurden ein Herz und ein Kreislaufsystem erforderlich.

Eine der wichtigsten Erfahrungen, die wir mit der Anlage der Sinnesorgane machten, war das Erleben von Bildern und Schall. Es war ein gewaltiger Unterschied, *selbst* etwas zu sehen und zu hören statt nur mittelbar davon zu erfahren. Vielleicht würde es einem blinden Menschen ähnlich gehen, wenn er aus irgendeinem Grund plötzlich sehen könnte. Was ihm zuvor als Farbe beschrieben wurde, würde er jetzt selbst erkennen. Was er an Formen bislang ertasten musste, würde er sehen können.

Vom Verstand her war uns klar: Wir, der *smarte* Breitwegerich hatten gewaltige Fortschritte gemacht. Wir hätten uns freuen müssen, überglücklich hätten wir sein müssen, ausrasten vor Glück. Doch Freude war uns nicht gegeben, genau so wenig wie Trauer, Zweifel oder Angst. Auch echte Neugierde fehlte uns, Entdeckerfreude; Begriffe, die wir nur aus dem Wühlen in humanen Gedanken und Literatur kannten.

Doch benötigten wir diese Eigenschaften wirklich? Wir hatten erkannt, dass wir den Planeten retten mussten. Würde Gefühlsduselei uns dabei helfen? Wir wussten auch so, was zu tun ist.

18 Vermehrung

Peter Schrötke trat in die Pedale. Der Sommer hatte Einzug gehalten nach einem kühlen und verregneten Frühjahr. Gegen den Regen hatte der Professor nichts, im Gegenteil. Der Boden brauchte das Wasser, die Grundwasserspiegel waren längst noch nicht aufgefüllt nach den vielen Dürresommern – und würden es auch niemals mehr werden.

Doch auf dem Rad waren milde Temperaturen angenehmer als kühles Nieseln. Die Natur war schlagartig erwacht. Es war jedes Jahr das Gleiche und doch kam es ihm wieder wie ein Wunder vor. Das Gras war dunkelgrün und saftig, der Löwenzahn in die Höhe geschossen und seine plüschigen gelben Blüten wandelten sich schon in Pusteblumen um. Der Breitwegerich gedieh üppig wie nie zuvor, an Fülle und Höhe hatte er das Kettenplüsch, wie der Löwenzahn im Rheinland genannt wurde, eingeholt.

Frohgemut war der Professor in sein Institut geradelt, übelster Laune strampelte er neun Stunden später zurück. Sein Antrag auf Teilnahme am Umweltkongress auf Grönland war abgelehnt worden, der Chef Oeckinghaus, Biologe wie er selbst, hatte einer jüngeren Kollegin den Vorzug gegeben. An den Argumenten war etwas dran, das musste Schrötke zugeben, sie arbeitete nun mal mehr im Umweltbereich als er. Trotzdem drängte sich ihm der Gedanke auf, ob die beiden nicht zusammen ins Bett stiegen. Sei's drum. Er hatte sich abzuregen, auch ging es ihn gewaltig nichts an, was die beiden vielleicht privat trieben.

Der Tritt in die Pedale tat gut. Er schalt sich einen Spießer, eine Schlappe mit anrüchigen Unterstellungen erträglicher zu machen.

Bevor Peter Schrötke die Wiesen an den Pfuhlen, die letzte Etappe auf seinem Heimweg verließ, stach ihm erneut der Breitwegerich ins Auge.

Konnte es sein, dass diese Pflanze im Begriff war, den Löwenzahn zu verdrängen? Sollte das mit den geänderten Klimabedingungen zu tun haben? Hätte er mit seiner Entdeckung nicht ein schlagkräftiges Argument, doch nach Nuuk mitzureisen, der Hauptstadt der größten Insel der Erde?

Schrötke bremste, stellte sein Rad ab, zückte seinen Unkrautstecher und lockerte die Wurzel eines prächtigen Exemplars. ›Unkrautstecher‹. Über dieses Wort ärgerte er sich jedes Mal, wenn er das Gerät benutzte, denn für Peter Schrötke gab es kein Unkraut. Das Kraut, das er untersuchen wollte, zog er nun aus der Wiese heraus. Vielleicht gab es Abweichungen, die bisher nicht bekannt waren. Fünf Jahre zuvor waren ihm bereits seltsame, krebsartige Wucherungen aufgefallen.

Er verstaute seine Beute in der Satteltasche und erblickte ein weiteres Exemplar des Plantago. Das war eher ein Mittlerer Wegerich, Plantago media. Seine Blätter sind deutlich kleiner, die Ähren dafür länger, und sie blühen rosa. Allerdings waren sie hier noch nicht emporgewachsen, erst in Ansätzen konnte er sie inmitten der Blattrosette erkennen. Diese Art wächst normalerweise auf Bergen in Höhen um die zweitausend Meter. Hier in der Stadt ein solches Exemplar zu finden war schon eine Besonderheit. Mit seinem unablässigen Forscherdrang entriss der Professor auch diese kleine Schwester des großen Wegerichs dem Erdreich.

* * *

Wir, der *smarte* Breitwegerich, schauten zu. Wir griffen nicht ein, warum sollten wir? Die Entdeckung des Professors konnte uns nicht gefährlich werden – noch nicht, zumindest; einschreiten konnten wir immer noch.

Unsere Vermehrung war notwendig. Wir hatten uns in mehrere Unterarten spezialisiert. Das waren

- der *smarte* Urbreitwegerich, die Filzmoos-Mariendorf-Kreuzung
- der Magen-Augen-Breitwegerich mit den Wurzelfüßen
- der Zwerg-Breitwegerich, *Plantago pumilionum* zur erneuten Weltbesiedlung
- der Topfreiniger-Breitwegerich mit Hirn, Nerven, Verdauungstrakt, Herz und Kreislauf
- der winzige Gentest-Breitwegerich
- und nun der Kampfbreitwegerich *Plantago militaris*.

Diesen hatte Schrötke gerade entdeckt, daneben den Zwerg-Breitwegerich. Den interpretierte er als *Mittleren Breitwegerich* – ein Glück für uns und ein Glück für ihn selbst. Weitere Spezialisierungen standen an. Wir konnten die eine Art schnell aus der anderen Art entstehen lassen und wir benötigen alle Untergruppen für unser Vorhaben, das in Kürze anstand. Die wurzelnden Exemplare hielten die Verbindung utereinander, zum Universum, die beweglichen Sorten erkundeten die Welt. P*lantago pumilionum* war der Vermittler, er verständigte sich mit den beweglichen Arten und konnte mit seinen Wurzeln, die er in die Erde schob, Kontakt zum *smarten* Breitwegerich aufnehmen.

Für unser anstehendes Ziel waren je humanem Wesen dreitausend Exemplare Kampfbreitwegerich erforderlich, also dreißig Billionen weltweit. Das hatten unsere Berechnungen ergeben. Da die Landfläche der Erde 150 Millionen Quadratkilometer beträgt, wären das 200.000 Pflanzen pro Quadratkilometer oder nur eine auf jeweils fünf Quadratmetern gewesen.

Obwohl die Plantagon-Bosonen zeit- und ortunsabhängig auftreten und die Antigonen genauso wenig davon abhängig sind, war es strategisch günstiger, unsere Armee in der Nähe der Menschen aufzustellen, deswegen waren wir besonders in den Grünanlagen der Städte zahlreich vertreten. Dorthin gelangten wir über die Zwischenstufe des Mini-Breitwegerichs, der in die Parks, auf die Wiesen und in die Wälder wanderte und dort den Plantago militaris keimen ließ.

Jemandem wie Professor Peter Schrötke musste das irgendwann auffallen, aber was sollte er tun? Selbst wenn er uns noch weiter auf die Schliche käme, hätte er keine Mittel, uns aufzuhalten.

Der Kampfbreitwegerich sah äußerlich aus wie der herkömmliche Plantago major, etwas größer vielleicht. Er hatte aber ein wesentlich stärker entwickeltes Plantagonorgan. Daran war im Myzel das Antigonorgan geknüpft, beide eng miteinander verwoben. Der Militaris musste mit seinen Wurzeln fest im Boden verankert sein, um Zugang zu den universellen Bosonenströmen zu haben. Der Mini-Breitwegerich hatte die Aufgabe, ihn an seinen Standort zu bringen. Der Topfreiniger-Breitwegerich musste mit seinen Sinnesorganen und seiner Beweglichkeit die strategischen Ziele erkunden.

Gemeinsam sind wir stark, gemeinsam sind wir, die Breitwegerichfamilie, unschlagbar.

19 Fjodor

Und wieder war Sommer in Koslan, und wieder war Fjodor Malyschew unterwegs. So weit hatte er sich noch nie von zu Hause entfernt. Er hatte einen Rucksack mit Vorräten für fünf Tage mit, auch einen Biwaksack zum Schlafen, mehr brauchte er nicht. Die Nächte kühlten nicht unter 20 °C ab. Er hatte sich knapp hundert Kilometer Richtung Nordosten bewegt, es wäre der erste Teil seiner geplanten Tour nach Ischma gewesen, eine Testwanderung sozusagen.

Fjodor schritt gedankenverloren voran, dachte gerade an die Bodenbeschaffenheit. Er wollte Forstwirtschaft studieren wie sein Vater, das war für ihn sonnenklar. Schon jetzt las er Fachbücher und -artikel, soweit er ihrer habhaft werden konnte.

Nicht nur Flora und Fauna musste er kennen, auch das Wissen über die Böden hatte er sich anzueignen. In der Nähe des Flusses Mesen gibt es die Auenböden, die er anfangs durchwandert hatte. Sie sind stark vom Grundwasser beeinflusst, nährstoffhaltig und fruchtbar. Es entstehen *Hartholzauen* mit Eichen, Ulmen und Ahorn oder *Weichholzauen* mit Weiden, Erlen und Pappeln, je nachdem, wie häufig sie überschwemmt werden.

Weiter entfernt von Flussläufen kommen die Gleye vor, bei denen im Boden Eisen und Mangan umverteilt werden. Hier gedeihen Wiesen und Wälder. Der Gley war 2015 am Weltbodentag zum Boden des Jahres gewählt worden. Typisch für die Gleye ist die Abfolge horizontaler Schichten. Beim Graben fördert der erste Spatenstich dunkle, humusreiche Erde zutage, in 40 cm Tiefe wird sie durch Eisen rostig-rötlich und dann folgt eine grün-graue, sauerstoffarme Schicht.

Doch jetzt bewegte sich Fjodor auf Grauerde oder Podsol, einem durchlässigen, sandigen Boden, aus dem die Nährstoffe ausgeschwemmt werden. Hier entfalten sich Kiefern, Fichten und Lärchen. Birken wiederum kommen so gut wie auf allen Böden vor.

Fjodor fühlte sich in erster Linie als Komi, in zweiter aber auch als Russe. So konnte er stolz darauf sein, dass es russische Wissenschaftler waren, die als Erste die Böden erforscht und eine Systematik ausgearbeitet hatten.

Eine kleine, waldfreie Anhöhe vor ihm lockte den Wanderer zu einem Anstieg. Er ließ seinen Blick schweifen. Vor ihm, einige hundert Meter entfernt, lag ein namenloser See im Udorsky Distrikt. Zur Orientierung hatte er das GPS-Gerät seines Vaters geliehen bekommen; das war dessen ganzer Stolz. Fjodor befand sich hier bei 63°59'33.6"N 50°35'28.7"E. Der See mochte zwei Kilometer breit sein. An seinem westlichen Ende meinte Fjodor, eine Bewegung zu erkennen. Er duckte sich und schlich sich näher heran.

Dort am Ufer stand eine Gruppe von einem Dutzend Menschen zusammen; merkwürdige Menschen: Sie waren nackt und grün. Vorsichtig holte er sein Fernglas aus der Umhängetasche. Soweit er erkennen konnte, hatten die Leute eine runzelige Oberfläche, keine glatte Haut. Sie schienen sich zu unterhalten.

Was war das? Eine Art Affen? Im Tiergarten in der Hauptstadt Syktywkar hatte Fjodor solche Tiere mit farbigem Pelz gesehen. Oder waren es Lemuren? Doch diese hier wirkten wie Menschen, hatten nichts Affiges an sich. Sie hatten die gleiche Figur, sehr athletisch und waren anscheinend gleich groß. Auffällig war ihr Haar, das wild wie ein kleines Gebüsch aus dem Kopf heraus wucherte.

Was hatte er da entdeckt? Leider hatte er keinen Fotoapparat bei sich. Ein Handy mitzunehmen hätte unnötigen Ballast bedeutet, hier gab es weit und breit keinen Empfang.

Fjodor stieg vorsichtig den Hang hinab, bis er wieder Deckung im Wald fand. Dann näherte er sich der Gruppe und konnte sie zwischen Birkenlaub hindurch erneut erspähen. Er schob ein paar Zweige aus seinem Gesichtsfeld, so behutsam er konnte und hob sein Fernglas an. Nein, das Grün war keine Kleidung, es war auch keine Haut; es glich eher dem Geflecht eines Korbsessels, so schien es ihm bei stärkster Vergrößerung. Und obwohl diese Wesen nichts anhatten, konnte Fjodor keine Geschlechtsteile erkennen. Die Scham konnte weiblich sein, doch die Wesen hatten keine Busen.

Fjodor meinte, keinerlei Geräusch gemacht zu haben. Trotzdem wandten sich schlagartig alle Köpfe in seine Richtung. Ehe er es sich versah, huschten die Gestalten in die entgegengesetzte Richtung und verschwanden binnen weniger Sekunden im nahen Wald. Das Grün hatte sie verschluckt.

Fjodor dachte nach. Was hatte er da aufgespürt? Er kannte sich aus in der Tierwelt seiner Heimat, aber diese Tiere gab es nicht. Fast kam es ihm so vor, als sei er hier den berühmten grünen Marsmännchen begegnet; freilich diesen Gedanken nahm er selbst nicht ernst. Wichtiger war jetzt zu überlegen, was er tun sollte. Neugierig war er bis in die Zehenspitzen. Sollte er die Gruppe verfolgen? Waren sie feindlich eingestellt? Gab es noch mehr von ihnen? Immerhin waren sie geflohen, er hatte ihnen Furcht eingejagt. Das konnte jedoch täuschen. Sie waren überrascht worden. Wenn er in ihrer Nähe war, mussten sie keineswegs ängstlich sein. Vielleicht waren sie aggressiv. Andererseits hatte er sein Jagdgewehr bei sich und zur Not wüsste er sich zu verteidigen.

Der Jugendliche entschloss sich, zum Ufer zu gehen. Spuren konnte er lesen, da machte ihm niemand etwas vor.

Er hoffte, etwas zu entdecken, was ihm Aufschluss bringen konnte; das schien ihm in seiner Situation der vernünftigste Gedanke. Angetan von seiner brillanten Idee schritt er schwungvoll los – und kippte um. Er landete krachend im Unterholz. Zunächst war er verblüfft, dann zog heftigster Schmerz vom linken Knöchel hinauf durch das ganze Bein. Er verkrampfte sich. Ohne dass er es wollte, biss er die Zähne fest zusammen und Tränen des Schmerzes rannen aus seinen Augen.

Der Fuß steckte in einem Loch. In irgendeine Tierhöhle war Fjodor getreten. Mühsam zog er den Unterschenkel an sich heran, tastete die schmerzende Stelle. Die Umgebung des Knöchels begann anzuschwellen, war schwer gezerrt und die Haut über dem Schienbein war fast fünf Zentimeter lang eingerissen und blutete stark. Fjodor presste ein Taschentuch darauf, das stillte die Blutung und linderte den Schmerz. Einige Minuten drückte er. Derweil kramte er mit der anderen Hand im Rucksack herum. Sein Vater hatte immer darauf bestanden, ein paar Binden, ein Dreieckstuch und weitere Erste-Hilfe-Artikel mit auf Wanderungen zu nehmen.

Vorsichtig löste Fjodor den Druck. Es sickerte kein neues Blut aus der Wunde. Er packte eine Kompresse darauf, dann legte er einen Verband an. Vorsichtig stand er auf und humpelte ein Stück. Das ging, zum Glück, offenbar war nichts gebrochen. Die ersten Schritte schmerzten fürchterlich, aber die Pein ließ nach einigen Minuten wenigstens etwas nach.

Der junge Mann verzichtete auf die Untersuchung der Spuren der grünen Wesen und begab sich auf den Rückweg, der sich äußerst beschwerlich gestaltete. Der Fuß entzündete sich und Fjodor kam allenfalls halb so schnell vorwärts wie auf dem Hinweg.

Und in der Nacht kommen sie, die Wölfe. Fjodor hört in der Ferne ihr Jaulen, das sich auf ihn zu bewegt. Ein Rudel von sechs Exemplaren nähert sich schließlich mit gefletschten Zähnen. Es verteilt sich im Halbkreis um ihn herum, nimmt ständig Witterung auf. Fjodor schwitzt und er weiß, der Angstschweiß macht die Bestien sicherer, eine leichte Beute vor sich zu haben. Und er weiß auch, dass sich auf ein Knurren des Alphawolfes hin alle gleichzeitig auf ihn stürzen werden. Das kann nicht mehr lange dauern.

Fjodor legt in einer ruhigen Bewegung sein Gewehr an. Zum Glück ist es hell in dieser Nacht. Er darf sich nicht hektisch bewegen, trotz dieser brenzligen Situation. Fjodor zielt. Der Schuss muss sitzen. Fjodor drückt ab, der Schuss sitzt. Ein Wolf jault, bäumt sich auf und bricht zusammen – und schon ist der nächste getroffen. Die anderen sind irritiert. Fünf Schüsse, fünf Treffer. Dann muss Fjodor sein Repetiergewehr nachladen. Der überlebende Wolf steht fünf Meter von ihm entfernt und braucht ihm nur an die Kehle zu springen, dann war es das. Doch der Wolf dreht winselnd um und sucht das Weite.

Der junge Mann brauchte eine Weile, bis er sich beruhigt hatte. Eigentlich war er todmüde. ›Todmüde‹, dachte er, ›aber nicht tot!‹ An Schlaf war nicht zu denken nach diesem Abenteuer, also konnte er seinen Weg wieder aufnehmen.

Viel mehr als zwanzig Kilometer waren es nicht, die er humpelnd und stöhnend geschafft hatte, Nun fand er einen ausgefahrenen Forstweg vor sich, der seinerzeit für bulgarische Waldarbeiter angelegt worden war. In den 1990er Jahren kündigte die Regierung die Verträge mit Bulgarien auf und niemand wartete mehr die Straße. Sie war eher eine Piste und befand sich jetzt einem desolaten Zustand. Fjodor konnte sich keine Hoffnungen machen, dass ihn hier jemand finden würde.

Er fühlte sich schwach und elend. Seine Essensvorräte waren fast aufgebraucht. Gut, ein paar Beeren fand er immer wieder, er hatte jedoch einen langen Weg vor sich und musste eine Pause machen. Der Wolf würde sich wahrscheinlich nicht mehr an ihn herantrauen und wenn doch erwarteten ihn erneut fünf Kugeln. Der Geplagte suchte sich eine weiche Stelle, legte sich hin und schlief sofort ein.

Im Traum meinte Fjodor, Stimmen zu hören. Der Traum schwand dahin, die Stimmen blieben, wurden sogar lauter. Er öffnete die Augen, und sah drei Männer um sich herum stehen. Als sie merkten, dass er wach wurde, halfen sie ihm auf die Beine. Fjodor spürte, wie schwach er war; am liebsten hätte er sich gleich wieder hingesetzt und begann, zusammenzusinken. Vier starke Arme packten ihn und hievten ihn in den UAZ-469, einen älteren Geländewagen.

Mühsam erklärte Fjodor seine Situation. Selbst das Sprechen fiel ihm schwer. Er bekam Wasser aus einer Feldflasche. Die Männer berieten sich und machten sich auf den Weg nach Verkhnemezensk einer verlassenen Holzfällersiedlung am Fluss Mesen, in der einmal fast hundert Menschen lebten. Sie lag weit entfernt von anderen Siedlungen, war aber landschaftlich schön angelegt. Es gab eine Schule, einen Kindergarten, ein Kulturzentrum, eine Poliklinik, ein Badehaus und ein Geschäft. Nach dem Abzug der bulgarischen Arbeiter wollte die Republik Komi hier einen Kurort einrichten, die so genannte *Stadt der Sonne*. Das Wiederbelebungsprojekt galt jedoch als wenig aussichtsreich und wurde abgeblasen. Sicherheitshalber hielt man zumindest eine funktionierende Telefonzelle betriebsbereit.

Fjodor telefonierte mit seinen Eltern und schilderte, was passiert war. Er konnte sich aber zu keiner Idee aufraffen, wie es weiter gehen sollte. Das besprach dann der Vater mit den hilfsbereiten Männern. Sie vereinbarten, den Verunglückten nach Makar-Yb zu bringen, eine Fahrt von 120 km. Dort wollten die Eltern ihn abholen.

Auf dem Rücksitz schlief Fjodor sofort wieder ein, bis er durch den Ruck eines Schlaglochs aufwachte. Die grünen

Gestalten geisterten durch sein Gedächtnis. »Habt ihr hier im Wald schon mal grüne Tiere gesehen?«, fragte er in die Runde. »Fast sehen sie aus wie Menschen«.

Die Männer sahen sich fragend an. Dann lachte Bogdan, der Fahrer, los: »Vielleicht hast du die Morena gesehen? Vielleicht hat man vergessen, sie zu verbrennen!« Morena war die Göttin, die den Frühling und Fruchtbarkeit bringt. Auch in Koslan wurden am Frühlingsanfang Morenas verbrannt, in Kleider gesteckte Strohpuppen, um damit den Winter zu verabschieden. Fjodor war nicht zum Lachen zumute. Zu allem Übel sagte Sergei, der Mann neben ihm: »Mein Sohn, ich glaube, du hast Fieber.« Er fühlte ihm auf die Stirn. »Wirklich, du hast Fieber. Ein Fiebertraum! Wird Zeit, dass du ins Bett kommst.«

Als die Helfer in Makar-Yb den besorgten Eltern ihren Sohn übergeben konnten, war er hochfiebernd. Eine Entlohnung wollten die Helfer nicht annehmen; sie sagten, ihr Lohn wäre, dass Fjodor gesund würde. Alexei Malyschew hatte jedoch vorsorglich Wodka mitgebracht – eine Flasche für jeden, die sie dankbar annahmen.

Noch einmal ging es fast zwei Stunden lang über die holprigen Pisten bis nach Koslan. Die meiste Zeit über döste oder schlief Fjodor. Julia und Alexei Malyschew hielten an der Krankenstation.

Dunja, die diensthabende Krankenschwester, besah sich die Bescherung. Die Wunde eiterte und der Kopf des Patienten glühte. Der Arzt würde routinemäßig erst in einer Woche in den Ort kommen. Obwohl Fjodors Zustand alles andere als eine Lapalie war, würde er ihn nicht als Notfall ansehen. Deshalb gab Dunja dem Kranken ein Antibiotikum, ein Schmerzmittel und fiebersenkende Tabletten. Dann desinfizierte sie die Wunde und packte eine keimtötende Salbe darauf. Für eine Wundnaht war es zu spät; die hätte die versierte Helferin ansonsten selbst vorgenommen. Sie schickte die Familie nach Hause, ordnete Bettruhe an und einen Verbandswechsel am nächsten Tag.

Das eigene Bett war für Fjodor eine Erlösung. Sofort fiel er in einen traumlosen Schlaf. Als er aufwachte, wunderte er sich, dass er achtzehn Stunden geschlafen haben sollte. Er hatte nicht richtig mitbekommen, dass seine Mutter ihm alle acht Stunden neue Medikamente verabreicht hatte.

Es ging ihm viel besser. Der Schmerz war erträglich, das Fieber deutlich gesunken. Fjodor konnte sich an den Tisch setzen und wurde bewirtet. Ausgehungert machte er sich über das deftige Frühstück her mit Rührei, Speck und Bliny, den dünnen Buchweizenmehl-Pfannkuchen, gefüllt mit Smetana, dem russischen Schmand, Wurst und Kaviar. Der Schwarztee belebte zusätzlich.

Gut gestärkt schilderte der Jugendliche seine Begegnung mit den Wölfen. Er bemerkte, dass den Eltern beinahe der Atem stockte. Der Vater gratulierte dem Sohn für seine Treffsicherheit und alle waren sich einig, dass die Zielübungen sich somit mehr als ausgezahlt hatten.

Etwas unsicher berichtete Fjodor dann von den grünlichen Wesen, die der eigentliche Grund für die ganze Misere waren. Ohne diese Beobachtung hätte er den Unfall wahrscheinlich gar nicht gehabt. Der Sohn war sich nicht sicher, wie die Eltern seine Schilderung aufnehmen würden.

»Unsinn«, sagte Alexei. »Grüne Affen gibt es nicht, in ganz Komi nicht, in ganz Russland nicht. Wahrscheinlich nirgends auf der Welt.« Vaters Stimme war klar und fest. Für ihn gab es keinen Zweifel. »Du hattest einen Fiebertraum, Fjodor. Halluzinationen. So etwas gibt es. Das ist gar nicht selten. Grüne Tiere gibt es nicht. Heuschrecken vielleicht, aber keine auf zwei Beinen, auf vieren auch nicht.«

Fjodor dachte nach. Irgendwie kam ihm das Erlebte irreal vor. Natürlich, der Vater musste recht haben, es gab keine grünen Säugetiere. Er hatte hohes Fieber gehabt und war am Waldweg eingeschlafen. Es war ein erschöpfter Schlaf gewesen, eine Krankenschlaf. Hatten sich die Bilder dabei nachträglich in sein Gedächtnis geschoben – so echt und lebhaft, dass sie ihm wie wirklich vorkamen?

Der junge Mann war verunsichert. Je länger er darüber nachdachte, desto wahrscheinlicher schien ihm: Der Vater hatte recht.

20 WCC I
Bestandsaufnahme

Die Weltklimakonferenz, englisch World Climate Conference, kurz WCC, tagte in verschiedenen Städten Grönlands – die meisten Veranstaltungen spielten sich in der Hauptstadt Nuuk ab. Dreißigtausend Delegierte aus aller Welt waren angereist. Das waren wenige im Vergleich zu früheren Konferenzen; 2023 waren es in Dubai drei Mal so viele Teilnehmer. Die feierliche Eröffnung fand im Konferenzsaal des neu gebauten *Hotel Nuuk* statt, das am Kongevej stand, in unmittelbarer Nähe des Hotels *Hans Egede* auf der Fläche des ehemaligen *Blok P*. Sie war nach dem Abriss überwiegend Brachland geblieben und nur ein paar improvisierte Bauten mussten der neuen Anlage weichen.

Der Saal fasste 1.500 Teilnehmer, so dass nur jeder zwanzigste das Privileg genoss, dort teilzunehmen. Die Feier wurde aber nicht nur über Videoleinwände auf weitere Säle in Grönland übertragen, jeder Teilnehmer konnte sie auch per Online-Schaltung auf seinem Laptop verfolgen und mehrere Fernsehteams übertrugen die Ansprachen weltweit.

Die Eröffnungsrede hielt der Vorsitzende der Konferenz, der grönländische Regierungschef Tuusi Hammond, ein Neffe der früheren Regierungschefin Aleqa Hammond. Der Spitzname Tuusi bedeutet Fuchs; Füchse sind in der grönländischen Kultur, und nicht nur dort, mit Schlauheit, List und Überlebensfähigkeit assoziiert.

Schonungslos führte Hammond aus, dass das 1,5°C-Ziel bereits 2024 erstmals überschritten wurde, das 2°C-Ziel 2030, und sogar das 3°C-Ziel sei nicht mehr zu verwirklichen.

An bisherigen Folgen des Klimawandels zählte der Vorsitzende eine Reihe von Tatsachen auf. Der Meeresspiegel sei um fünfzig Zentimeter gestiegen, viele Inseln in Poly-, Mikro- und Melanesien seien unbewohnbar geworden, einige komplett verschwunden. Wegen der geringen Höhe, mit der sie aus dem Wasser ragten, hielten sie Brandung und Sturmfluten nicht stand. Ähnlich erging es vielen kleinen Inseln in der Karibik, Malediven, vielen Atollen im pazifischen und indischen Ozean, aber auch niederländische und deutsche Nordseeinseln seien bedroht. Auf Amrum sei der gesamte Kniepsand verschwunden und die Insel ist dadurch um zehn Quadratkilometer kleiner geworden. Doch nicht nur niedrige Inseln seien bedroht, viele Staaten mussten bereits Landverluste in ihren Küstenregionen hinnehmen.

Durch Dürren kam es zu globalen Ernteausfällen im Wert von bisher einer halben Billiarde Dollar. Die Zahl von Hungertoten lässt sich nur grob abschätzen, ihre Zahl übersteigt aber vierzig Millionen.

Schäden durch Überschwemmungen, sowohl an den Küsten durch verstärkte Fluten, als auch in Flusstälern durch langanhaltende Starkregenfälle, nagen an der Billiardengrenze. Die Zahl der Toten durch sie beläuft sich auf gut zehn Millionen Menschen.

Waldbrände zerstörten eine Fläche im Ausmaß von Spanien und Frankreich zusammen, hinzu kommen legale und erst recht illegale Rodungen im Amazonasgebiet, in Sibirien, im tropischen Regenwald Afrikas und in den Monsunwäldern in Indien, Südostasien und Nordaustralien. Neben wirtschaftlichen Verlusten sind auch hier Todesopfer in Millionenhöhe zu beklagen und die klimaschützenden Eigenschaften dieser Wälder werden geschmälert. Die Randregionen im Amazonasgebiet beginnen bereits zu versteppen.

Wüsten breiten sich aus, nicht nur die Sahara erfasst immer weitere Bereiche; gleiches trifft für die Gobi, Kalahari, die arabischen und australischen Wüsten zu.

»Die Gesamtfläche der neu verwüsteten Flächen beträgt zwei Millionen Quadratkilometer«, führte Hammond aus, »und ist damit beinahe so groß wie meine Heimatinsel, wie das Austragungsland dieser Konferenz. Im Death Valley, einem Teil der Mojavewüste in Nordamerika ist, wurden die höchsten jemals auf der Erde vorgefundenen Temperaturen gemessen. Jährlich werden bisherige Rekorde gebrochen, meist um ein Drittel bis ein halbes Grad höher als im Vorjahr. Der letzte Wert war 145 Grad Fahrenheit oder 62,8 Grad Celsius.«

Tuusi fuhr gnadenlos fort mit der Aufzählung der Folgen und den Zerstörungen durch den Klimawandel. Wirbelstürme haben Versicherungsschäden von gigantischen Ausmaßen verursacht und die Prämien für die Gebäude-Pflichtversicherungen haben sich verzehnfacht.

Todesopfer des Klimawandels gibt es nicht nur durch die unmittelbaren Katastrophen wie Brände, Fluten, Hunger, Tod in zerstörten Gebäuden oder durch umstürzende Bäume während der Stürme, sondern auch durch die Hitze selbst. Die Hitzetotenzahlen weltweit liegen mittlerweile bei jährlich 600.000. Die Äquatorregionen sind ohne aufwändige Klimatisierung von Gebäuden und Fahrzeugen praktisch unbewohnbar, während diese Techniken den Klimawandel weiter anheizen.

Am Schluss seiner Rede führte Hammond aus, dass der Kipppunkt für das Abschmelzen des Grönlandeises bereits überschritten sei. Sämtliche Gletscher werden unabwendbar in den nächsten fünfhundert Jahren wegschmelzen, selbst wenn es gelänge, die Erderwärmung sofort zu stoppen. Der Eispanzer ragte einst bis in Höhen von 3.000 Metern auf und lag damit im Dauerfrostbereich, wodurch der Fortbestand der Eisberge gesichert war. Diese kalte Region haben sie verlassen. Statt Schnee fällt Regen, das Abtauen beschleunigt sich. Vollständiges Verschwinden des Grönlandeises hatten die Wissenschaftler in den Nuller Jahren bereits bei 1,5 bis 2 °C globaler Erwärmung prognostiziert.

»Und nun sind wir bei drei Grad Erderwärmung im Vergleich zur vorindustriellen Zeit«, schloss Hammond seine Ansprache. »Der Meeresspiegel wird um sieben Meter steigen.«

Tuusi, der Fuchs, trat vom Mikrofon zurück, er verließ die Rednerbühne. Seine Rede blieb ohne Applaus.

21 Komische Wälder

Komische Wälder oder Komi'sche Wälder, die Wälder der Republik Komi, ein Subjekt der Russischen Föderation – längst wuchsen hier nicht mehr nur Birken und Kiefern, längst lebten hier nicht nur Wolf und Hirsch. Hier lebte auch der *Aufrechte Breitwegerich*, der *Plantago erectus*. Diese Wuchsform war notwendig geworden, weil wir, der *smarte* Breitwegerich, beabsichtigten, die Errungenschaften der humanen Wesen zu übernehmen. Deshalb mussten wir eine Gestalt und Größe annehmen, die dem Menschen weitestgehend gleicht. Das ist uns gelungen, wir haben eine Größe von einem Meter und achtzig Zentimetern, haben Rumpf, Arme mit Händen, Beine, Hals und Kopf. Damit können wir sämtliche Gerätschaften benutzen und bedienen, die der Mensch für sich geschaffen hat und können uns in seine Kleider kleiden.

Das sind Voraussetzungen, das Ruder auf dem Planeten Erde zu übernehmen. Einen riesigen Nachteil müssen wir bewältigen: Als Plantago erectus sind wir nicht mehr mit dem Bosonen-Organ verbunden, weil uns, wie schon beschrieben, die Wurzeln fehlen. Sie sind die Grundlage für den Kontakt zur Erde, zum Universum und zum Manipulieren der Atome.

Der Plantago erectus wächst sehr schnell, besonders dort, wo der Boden feucht und nährstoffreich ist; am besten gedeiht er in Auenwäldern, Sümpfen und Mooren. Innerhalb dreier Monate kann er seine volle Größe und die Ausprägung aller Organe erreichen, Nervensystem, Herz und Kreislauf eingeschlossen. Statt der früheren Facettenaugen hat er die Augen der Säuger erhalten, die bessere optische Eigenschaften bieten. Bis zum vollständigen Verholzen des Skeletts dauert es nochmals ein Vierteljahr, doch die Stängel, die vorerst die Knochenform vorgeben, sind bereits ausreichend haltbar. Damit kann der PE, wie wir den aufrechten Breitwegerich nun abkürzen wollen, auf die Wurzeln verzichten, sie lösen sich von den Füßen. Der Vorgang ähnelt dem Abwerfen der Blätter bei Laubbäumen im Herbst.

Endlich kann der PE losmarschieren, er ist frei. Er kann sich seinen Aufgaben widmen. Aber er ist vom All-Wissen der Plantago-Gemeinschaft getrennt. Untereinander können sich PEs durch ihre Sprache verständigen, über Entfernungen hinweg sind sie auf menschliche Errungenschaften angewiesen: Telefon, Mobilfunk, Internet, Funkgeräte, Radio- und Fernsehsendungen. Über diese stehen sie im Kontakt mit einer Zwischenform, die wir zeitgleich entwickelt haben, den *Mittler-Breitwegerich*. Er hat sowohl Wurzeln als auch Augen, Ohren, Arme und Hände, mit denen er über die genannten Apparaturen den Kontakt zum Plantago erectus hält.

Doch nun wieder zur aufrechten Ausprägung. Sie sieht aus wie ein Mensch, ist aber immer noch Breitwegerich. In vielerlei Hinsicht kann er den Homo sapiens imitieren. Was ihm fehlt, ist das Verständnis für Ästhetik, Kunst, Musik, Gesang. Doch wozu sollte er es brauchen?

Bewegen kann sich der PE auf den eigenen Beinen, in etwa mit der gleichen Geschwindigkeit wie sein menschliches Vorbild. Bei kurzen Strecken schafft er hundert Meter in zehn Sekunden, bei langen Märschen hundert Kilometer am Tag. Sein Vorteil: Er benötigt keine Ruhe- und Erholungsphasen. Trotzdem ist dieses Tempo für unsere Belange viel zu langsam. Wir benötigen Kraftfahrzeuge, müssen Lastkraftwagen, Lokomotiven, Baumaschinen, Schiffe und Flugzeuge bedienen lernen. Das theoretische Wissen dafür haben wir, die Praxis werden wir uns aneignen.

Wir sind bereits einige Hunderttausend in den Wäldern von Komi. Kontakt zum Menschen wollen wir nicht, im Gegenteil, der Mensch darf von unserer Existenz nichts wissen, nicht einmal etwas ahnen. Bisher ist uns die Geheimhaltung gelungen, bis auf eine Ausnahme: Der junge Fjodor Malyschew hatte eine Gruppe von uns aufgespürt. Diesen jungen Mann kannten wir gut, in- und auswendig. Denn wenn er durch seinen Wald streunte, waren wir ihm auf den Fersen. Nicht unbedingt als PE, zumeist als Zwerg-Breitwegerich oder in unserer Kartoffel- beziehungsweise Topfputzerform. Wir erforschten seine Gestalt, seine Bewegungen, sein Verhalten, und diese Erkenntnisse wurden weitergegeben an die Gesamtheit der *smarten* Breitwegerichgewächse. Doch so konnte es passieren: Fehlt die ständige Verbindung, die kontinuierliche Kommunikation, kann nicht gewarnt werden. Fjodor hatte sich unserer Gruppe bis auf eine Distanz genähert, aus der er eine Menge Einzelheiten erkennen konnte, zumal er ein Fernglas bei sich hatte.

Aber seine Mitmenschen redete ihm ein, er habe halluziniert, bis er es schließlich selbst glaubte. So etwas ist bei den Homos möglich – für uns unvorstellbar. Tatsachen bleiben Tatsachen!

* * *

Jetzt, wo wir, der PE, Individuen waren, mussten wir uns eindeutig voneinander unterscheiden. Wir waren nicht mehr nur ›der‹ Breitwegerich. Wir hatten jeder eine eigene Gestalt, eigene Gedanken und eine eigene Persönlichkeit. Wir benötigten Namen.

Wir gaben uns Namen. Hier, an dieser Stelle, ist es angebracht, den Leser wissen zu lassen, mit wem er es zu tun hat, wer das ist, der diese Zeilen schreibt. Ich darf mich in gewisser Weise *literarisch* vorstellen: »Gestatten, mein Name ist *Herodot*«. Wir bevorzugen alte, klassische Namen. Was könnte besser zu mir passen, als der Name eines antiken Geschichtsschreibers? Bei den meisten Völkern erhält jede Person mindestens einen Vor- und einen Nachnamen. Dieses

Verfahren ist sinnvoll, das übernahmen wir. Als Nachnamen wählten wir zunächst den Ort unseres Aufkeimens, deshalb mein vollständiger Name: Herodot Koslan. Es gibt viele PEs mit dem Nachnamen Koslan. Andere heißen Makar-Yb, Mesen, Ischma, Udorsky oder einfach Komi.

Die Quellen meiner Berichte speisen sich aus dem allgemeinen Wissen des *smarten* Breitwegerichs und dem Gedächtnis der Menschen. Wie der KI der Homos steht mir ein riesiges Reservoir an Daten zur Verfügung. Obwohl ich selbst, wie alle meine Mitstreiter, keinerlei Gefühlsregungen aufweise, sind mir Gefühle theoretisch vertraut. Ich bin in der Lage, einerseits die Erlebnisse aus der Sicht von Betroffen aufzunehmen und zu schildern, wie Fjodors Entdeckung einiger PEs oder sein Abenteuer mit dem Wolfsrudel, andererseits kann ich seine Gefühle dabei beschreiben, ohne sie aber selbst nachzuerleben. Ich kann Redewendungen aus der menschlichen Kommunikation übernehmen, auch wenn ich sie absurd finde, wie das Beispiel: ›Gestatten, mein Name ist …‹

Wer sollte mir etwas gestatten können? Doch der Mensch drückt sich so aus oder hat sich so ausgedrückt. Beim Überblick über 84.371 Textstellen scheint es so zu sein, dass diese Floskel in den letzten Jahren immer weniger gebräuchlich wurde – allerdings eine sehr nebensächliche Feststellung.

Menschenförmige Gestalt, menschliche Bewegungs- und Kommunikationsmuster hatten wir, der *smarte* Breitwegerich, uns erschaffen. So wie die Art *Plantago erectus* Individualität erreicht hatte, so wurde es erforderlich, diese Individualität zu strategischer Stärke zu koordinieren. Wir benötigten hierarchische Strukturen – in diesem Fall eine bedeutende Feststellung.

22 Castle on the Seas

Die Titanic war ein Winzling im Vergleich zu modernen Kreuzfahrtschiffen. Sie war rund 270 Meter lang, 30 Meter breit, verdrängte 55.000 Tonnen Wasser und hatte 51.000 PS. Sie konnte 2.400 Passagiere aufnehmen, die Besatzung bestand aus 900 Personen, fast nur Männer. Lediglich 23 Bedienstete im Service-Personal waren Frauen.

Die *Castle on the Seas*, ›Schloss auf den Meeren‹ hatte 2030 ihren Stapellauf und ist die Nachfolgerin der *Utopia of the Seas*, beides Schiffe der Reederei *Royal Caribbean International*. Sie ist 400 Meter lang und 80 Meter breit, verdrängt 300 Tausend Tonnen Wasser, kann 8.000 Passagiere aufnehmen, die von 3.000 Mann Besatzung betreut werden. Der Motor hat erstaunlicherweise 55.000 PS, also nur wenig mehr als die Titanic, die Leistung kann in der hydrodynamisch günstigeren Rumpfform besser ausgenutzt werden. Damit erreicht sie etwa die gleiche Geschwindigkeit von 25 Knoten wie das verunglückte Vorgängerschiff.

Was erwartet den Gast beim Aufenthalt auf diesem schwimmenden Ferienparadies? Er kann wählen zwischen der einfachsten Innenkabine ohne Ausblick, verschieden luxuriös ausgestatteten Außenkabinen, teilweise mit verschließbarem Balkon bis hin zur AquaTheater Suite mit großem Balkon, acht Schlafplätzen, Wohnzimmer mit Speisebereich und zwei Bädern mit Wanne.

Speisen kann der Gast in vierzig Restaurants von Italienisch über Spanisch bis Chinesisch und in Sushi-Lokalen. Trinken kann er in ebenso vielen Bars, baden in zehn Pools und unzähligen Whirlpools, Sport kann er treiben in Fitnessräumen, auf Tischtennis- und Tennisplätzen, auf der Eisbahn, beim Pool-Billard sowie auf einer Rundbahn rings um das ganze Schiff. Adrenalin-Kicks gibt er sich in zwanzig aberwitzigen Rutschbahnen, in einer Kletterhalle oder in einem Seilgarten. Unterhalten lässt er sich mit Akrobatik,

Turmspringer-Darbietungen, einem Musical, Varieté, Zauberei und Live-Musik. Spaß soll er haben bei Minigolf, im Escape-Room, bei Karaoke, im Kino und natürlich mit Internet und Fernsehen. Für Kinder gibt es diverse Spielplätze, Kirmes-Attraktionen wie Karussells und Autoscooter und eigene, pädagogisch geschulte Entertainer. Entspannung finden die Eltern in der Sauna, im türkischen Dampfbad, im arabischen Hammam, bei Massagen sowie in Chi-Gong-, Tai-Chi- und Yoga-Kursen und beim Betrachten der vielen Meerestiere in großen Aquarien. Fläzen und bräunen kann sich der Gast auf dem Privat- oder FKK-Strand, flanieren kann er in Parkanlagen, auf dem ›Highway‹, den Promenaden, im Tropenwald. Mit der Schiffsbahn macht er eine Rundfahrt über mehrere Decks.

Im Gesundheitszentrum werden Unfälle behandelt, dort ist ein chirurgisches Team in der Lage, mittelgroße Operationen bis hin zur Gallenblasenentfernung vorzunehmen, ohne dass der Patient ausgeflogen werden muss. Wahleingriffe wie Faltenentfernung mit Messer oder Botox, Fettabsaugung, Busenlifting und selbst Zahnsanierungen werden angeboten. Kleine Unfälle passieren trotz aller Vorkehrungen immer wieder. An jedem Pool steht rund um die Uhr ein Rettungsschwimmer, an den größeren sind es zwei. Nutzer der Kletterwände und Seilgärten sind durch Gurte gesichert.

Als dauerhaftes Andenken kann sich der Kunde von einem original Castle-Tätowierer ein Tattoo stechen lassen; wählt er als Motiv die *Castle on the Seas*, erhält er fünfzig Prozent Rabatt. Die Reederei musste nach der Eröffnungsfahrt die Zahl der Bilderstecher von zwei auf acht erhöhen.

Ein bisschen was muss der Reisende hinlegen für diese Vergnügungen, von 1.500 € pro Person für vier Nächte bis hin zu 9.500 € in der Solarium-Suite. Der zweite Mitreisende kann 60 % Ermäßigung erhalten. Schon Monate, bevor die Castle on the Seas 2030 zum ersten Mal in See stach, waren sämtliche Kabinen ausgebucht.

Die Reederei hatte in den letzten Jahrzehnten weltweit die größten Kreuzfahrtschiffe in Auftrag gegeben, das jeweils neueste übertraf dabei die Vorgängerin. Und die *Royal Caribbean* hat ein weiteres Mammutprojekt ins Auge gefasst, sie will die Überreste der berühmten Titanic bergen, aufarbeiten und als Museumsschiff in den nächsten Kreuzer einbauen. Verhandlungen mit dem Unternehmen RMS Titanic Inc., der legalen Eigentümerin, laufen bereits. So soll das Wrack vor dem Fraß der Eisenbakterien gerettet werden. Geplant ist, dass Kabinen mit Originalausstattung in der Titanic gebucht werden können. Ein Publikumsmagnet werden die riesigen Anlagen der Dampfmaschinen werden. Jeder Reisende soll eine Stunde lang Kohlen schaufeln dürfen.

Die Kehrseite von Vergnügungen und Abenteuern: Tägliche Produktion von 15 Tonnen Abfall, Ausstoß von Schwefeloxid, Stickoxid, Ruß, Feinstaub und Schwermetall. Die Motoren laufen auch in den Häfen weiter, um die Unterhaltungsangebote zu betreiben. Weltweit produzieren Kreuzfahrtschiffe die fünfzehnfache Menge an Schwefeloxid wie sämtliche PKWs in ganz Europa. Umrüstung der Motoren auf Methan oder Flüssiggas statt Schweröl bringt keine wirklichen Vorteile, der Schlupf bei Methan ist unvermeidlich und umweltschädlich, und zwar etwa zwanzig Prozent stärker als bei Marinediesel.

Kreuzfahrtunternehmen betreiben ihre Schiffe unter Billigflaggen, so vermeiden sie Steuern, zahlen die Mitarbeiter so gering wie möglich und brauchen kaum arbeitsrechtliche oder Sicherheitsregeln einzuhalten. Die Crew-Mitglieder sind von sämtlichen Errungenschaften und Vergnügungen an Bord ausgeschlossen, der Kapitän und die oberen Chargen ausgenommen.

Die durchgeschleusten Menschenmengen belasten die Hafenstädte stark, ohne dass sie ökonomischen Gewinn bringen. Denn die Passagiere sind weder Übernachtungsgäste noch Restaurantbesucher. Venedig hat das Vorbeifahren am Markusplatz verboten, da durch den Wellenschlag Gebäude gefährdet werden und seit 2021 ist die Einfahrt in die Lagune für Schiffe über 180 Meter Länge untersagt. Norwegen hat die Einfahrten in die Fjorde verboten. Auch Mallorca hat sich gewehrt, dort dürfen maximal drei Kreuzfahrtschiffe gleichzeitig im Hafen von Palma festmachen, maximal 460 im Jahr; zuvor waren es bis zu 538. Mehr als 8.500 Touristen pro Tag dürfen nicht an Land gehen. Das Abkommen zwischen der Balearen-Regierung und der Cruise Lines International Association (CLIA) war einmalig im Mittelmeer-Tourismus. Die katalanische Initiative *No Megacreuers* fordert darüber hinaus die Beschränkung auf ein einziges Schiff am Tag.

Jeder Passagier produziert auf dem Kreuzer 200 bis 300 Kilogramm Kohlendioxid pro Tag, an Land sind es dreißig. Hinzu kommt die Umweltbelastung durch die Anreise, sehr oft mit dem Flugzeug. Auf einem Kreuzfahrtschiff entsteht ein zehnfach stärkerer Treibhauseffekt im Vergleich zu ähnlichen Freizeitaktivitäten an Land.

* * *

Was sollen wir, der *smarte* Breitwegerich, was soll ich, Herodot Koslan, von alledem halten?

23 CO

Kohlenstoffmonoxid, gebräuchlich Kohlenmonixid genannt, chemische Summenformel CO, ist ein unsichtbares, geruchloses Giftgas mit unheilvoller Wirkung für den Menschen.

Es entsteht bei Verbrennung diverser Heizstoffe ohne ausreichende Sauerstoffzufuhr. Der Kohlenstoff, C, in Kohle, Öl oder anderen organischen Verbindungen wie Holz, Diesel und Benzin verbrennt mit Sauerstoff, O, normalerweise zu Kohlendioxid, CO_2. Das ist für den Menschen harmlos, er produziert es selbst bei seinen Stoffwechselvorgängen und atmet es aus. Die Klimaschäden durch CO_2 stehen auf einem anderen Blatt.

Immer wieder kam es zu unabsichtlichen oder gar beabsichtigten Todesfällen durch Kohlenmonoxid-Vergiftungen. Stadtgas wurde ab 1850 hergestellt, um Straßenbeleuchtungen und Gasherde, später auch Heizungen, zu betreiben. Es wurde durch Kohlevergasung gewonnen und enthielt an brennbaren Bestandteilen 50 % Wasserstoff, 20 % Methan, aber auch 10 % Kohlenmonoxid. Der Rest war Stickstoff, der auch 80 % der Atemluft ausmacht. Durch den CO-Anteil wurde das Stadtgas zu einem ›beliebten‹ Mittel für Selbsttötung, es garantierte einen sanften Tod. Durch die New Yorker Gerichtsmedizin wurden allein im Jahr 1925 über 1000 Todesfälle im Zusammenhang mit Kohlenmonoxid bekannt – 618 Unfälle, 388 Suizide und drei Morde. Es war also auch möglich, einen unliebsamen Menschen, so man in dessen Wohnung hantieren konnte, durch Aufdrehen des Gashahns ins Jenseits zu befördern.

Wegen der Giftigkeit des Stadtgases wurde es Mitte des zwanzigsten Jahrhunderts weitgehend durch Erdgas ersetzt, mit dem Suizide so gut wie unmöglich sind.

Doch auch danach kam es immer wieder zu tragischen Unfällen. So starben im Januar 2017 sechs junge Leute in einer Gartenlaube in Arnstein. die den achtzehnten Geburtstag einer Jugendlichen feierten. Der Vater hatte die Gartenlaube für die Party vorbereitet, ein Feuerwerk organisiert und auch eine Geburtstagstorte im Kühlschrank bereitgestellt. Den Kühlschrank betrieb er, wie die Elektrik der ganzen Laube, mit einem Stromgenerator, der nur für den Betrieb im Freien zugelassen war. Die Abgasleitung, die nach draußen führte, hatte er selbst gebastelt, sie fiel jedoch im Laufe des Abends ab.

Am nächsten Morgen fand der Vater die Jugendlichen reglos vor, darunter neben seiner Tochter auch einen Sohn. Zunächst ging er davon aus, sie würden aufgrund des Alkoholkonsums noch schlafen, aber bald musste er feststellen, dass alle tot waren.

Im Oktober wurde der Mann wegen fahrlässiger Tötung zu eineinhalb Jahren Haft auf Bewährung verurteilt. Der Richter sprach von einer erschreckend dilettantischen Abgasleitung, was dem Vater bewusst gewesen sei. Die größte Strafe für ihn wird allerdings lebenslang das Wissen sein, den Tod seiner Kinder und vier Freunden von ihnen verursacht zu haben. Das sah auch der Richter so und reduzierte die Anzahl der Getöteten, für die eine Bestrafung anstand, von sechs auf vier.

Solche Vergiftungen sind keineswegs selten, aber nicht alle sind derart spektakulär. Ein Toxikologe, Kollege Professor Schrötkes im Bundesinstitut für Risikobewertung, nennt eine Zahl von 3.000 Vergiftungen im Jahr, wovon ein Drittel tödlich ausgeht, zusätzlich wird eine hohe Dunkelziffer vermutet.

Kohlenmonoxid selbst ist brennbar und reagiert mit Sauerstoff zu dem harmlosen Kohlendioxid. Mit anderen Substanzen reagiert es zum Teil sehr heftig, so mit Schwefel, Chlor, Fluor, Ammoniak und vielen weiteren Stoffen. Fatalerweise bindet es sich dreihundertfach stärker an Hämoglobin als Sauerstoff und verhindert damit die Versorgung aller Körperzellen mit diesem lebendnotwendigen Gas. Die Gewebe erleiden einen gravierenden Mangel, die Zellatmung ist blockiert. Die Muskelkraft ist reduziert, sodass sich die Betroffenen nicht mehr aus eigener Kraft aus der Gefahrenzone bewegen können, sie werden schnell bewusstlos und erleiden einen Herz- und Hirninfarkt. Auch weitere Funktionen der Zellen werden geschädigt, massive Gefäß- und Entzündungsmechanismen werden ausgelöst. Der Mensch stirbt an Hirnschwellung, Atem- und Kreislaufversagen.

Eine der vornehmlichsten Aufgaben eines Schornsteinfegers ist es, Kohlenmonoxid-Entstehung zu vermeiden. Bei der Genehmigung von Feuerungsanlagen muss er sein Augenmerk darauf richten, dass in jeder Situation genügend Sauerstoff zur Verbrennung vorhanden ist. Dieser kann z.B. durch Abzugshauben vermindert werden. Mit entsprechenden Schaltungen muss vermieden werden, dass sie in Betrieb sind, wenn ein Brenner läuft, oder es muss ausreichende Luftzufuhr gewährleistet sein. Das lässt sich erreichen durch Sensoren, die die Abzugshaube nur freischalten, wenn z.B. ein Fenster offen ist. Das verursacht zusätzliche Kosten und stößt bei Hausbesitzern oft auf Widerstand, doch sind die Vorschriften eindeutig und unumgänglich, um Menschenleben zu retten.

Die Giftigkeit des Gases ist sehr hoch. Bereits eine so kleine Menge wie drei Hundertstel von einem Prozent in der

Atemluft löst nach einigen Stunden Kopfschmerzen und Schwindel aus. Bei eineinhalb Prozent entsteht Bewusstlosigkeit bereits nach drei Atemzügen und innerhalb von drei Minuten tritt der Tod ein.

Bei der Leiche sind hellrote Totenflecken typisch, sonst sind sie bläulich-violett. Das wird durch die Bindung des COs an das Hämoglobin verursacht. Bei Toten, die in kalter Umgebung aufgefunden werden, z.B. im Winter im Freien, bleiben die Flecken ebenfalls hell. Bei ihnen sind allerdings die Totenflecken im Nagelbett dunkel, bei der Gasvergiftung aber hell. Bei Verdacht auf CO-Vergiftung kann diese durch eine Spektralanalyse des Blutes sicher bestätigt oder ausgeschlossen werden.

* * *

Achtzig Prozent der Atmosphäre bestehen aus Stickstoff, genauer aus Molekülen von je zwei Stickstoff-Atomen, dem Distickstoff.

Stickstoff hat im Kern **sieben** Protonen, in der Hülle sieben Elektronen.

Kohlenstoff hat im Kern **sechs** Protonen, in der Hülle sechs Elektronen.

Sauerstoff hat im Kern **acht** Protonen, in der Hülle acht Elektronen.

Wir, der *smarte* Breitwegerich, brauchen lediglich in einem Molekül Stickstoff ein Proton und ein Elektron zu verschieben. Das eine Stickstoff-Atom verliert ein Proton und wird zum Kohlenstoff, das andere Stickstoff-Atom erhält ein Proton und wird zum Sauerstoff. Die Elektronen wandert jeweils mit.

So kan der Kampfbreitwegerich mit Hilfe der Antigonen aus dem Stickstoff der Atemluft Kohlenmonoxid herstellen.

24 WCC II
Maßnahmen

Nach zwei Wochen war es so weit, die Weltklimakonferenz verabschiedete ihre Maßnahmen und dank der Einführungsrede Tuusi ›Fuchs‹ Hammonds fielen sie schärfer aus als jemals zuvor. Teilweise stellten sie verblüffende Überraschungen dar.

Ein Team des Tagungsorts Sisimiut hatte sich mit der Frage des Menschen als Treiber der Klimaeffekte befasst und gelangte dabei zu dem Schluss, dass lediglich mit der Reduzierung der Erdbevölkerung konkrete Erfolge zu erzielen wären. Die erarbeiteten Vorschläge waren:

Erstens Reduzierung des Nachwuchses: Null-Kind-Politik bis zum Erreichen einer Erdbevölkerung von vier Milliarden Menschen, ermöglicht durch erhebliche finanzielle Zuwendungen an Paare ohne Kinder. Freiwillige Sterilisation wird mit einem saftigen Bonus belohnt. Bekommt das Paar ein Kind, entfallen die Zuwendungen und die bereits ausgezahlten müssen zurückerstattet werden. Beim zweiten Kind wird bei beiden Elternteilen eine Zwangssterilisation durchgeführt.

»Es wird mit erheblichen Protesten gegen diese Maßnahmen gerechnet«, führte Jefferson Smith, der Leiter der Arbeitsgruppe, aus. »Doch ist es Aufgabe der einzelnen Länder, sie durchzusetzen. Sie sind alternativlos, das Überleben der Menschheit in ihrer Gesamtheit steht auf dem Spiel.«

Das Team Sisimiut wollte einen zweiten Hebel, ansetzen, bei dem mit noch stärkerem Widerstand zu rechnen sei. Die Stellschraube am Ende der Lebenserwartung sei anzuziehen. »Dies ist zu erreichen durch Abschaffung sämtlicher medizinischer Einrichtungen, Verbot von Heilberufen, Verbot von Medikamenten«, erläuterte Smith. »Generell wird jegliche Rentenzahlung eingestellt und damit die

Zunahme von Verzweiflungs-Suiziden gefördert. Auch hier ist die Durchführung Sache der einzelnen Staaten. Die eingesparten Zahlungen müssen in sinnvolle Umweltprojekte fließen.«

Das Team Uummannaq hatte lange über neue Temperaturziele referiert und diskutiert. Sämtliche Ziele waren in der Vergangenheit nicht eingehalten worden. »Es gibt keinen realistischen Grund zu der Annahme, dass sich dies in Zukunft ändern wird«, war die Kernaussage Abe Yukawas, der japanischen Leiterin. Die logische Konsequenz der Arbeitsgruppe: Aufgabe sämtlicher Temperaturziele. Die Anstrengungen sollten vielmehr in die Bewältigung der Folgen gesteckt werden: Aufbau von effektiven Dämmen und Flutschutzanlagen, Züchtung wärmeresistenter Nutztier- und -Pflanzenarten, Besiedlung von neuen Landschaften, die durch die Erwärmung möglich wäre wie Tundra, Taiga, Grönland, nördliche Regionen von Skandinavien, Sibirien, Alaska und Teilen der Arktis.

»Längerfristig ist zu erwarten, dass durch Änderung der Ozeanströmungen die Sahara zunehmend beregnet und damit grün und fruchtbar wird«, ergänzte Yukawa. »Dieser positive Kipppunkt des Klimawandels kündigt sich bereits an. Gebiete, die dem steigenden Meeresspiegel und der Verwüstung und Versteppung zum Opfer fallen, könnten hier Ersatz finden. Neun Millionen Quadratkilometer werden bewohnbar werden, ein Gebiet so groß wie ganz China.«

Das Team Uummannaq belegte seine Empfehlung, die Temperaturziele aufzugeben, mit dem kaum beeinflussbaren Hang des Menschen nach Bequemlichkeit. Als Beispiel führte es an, dass das großzügige Angebot der Grönländer in den Wind geschlagen wurde, sämtliche Teilnehmer in Familien unterzubringen. Da bei Weitem keine ausreichenden Hotelbetten zur Verfügung standen, übernachteten die Delegierten auf Kreuzfahrtschiffen. Die größten ankerten vor der Grönländischen Küste, die *Castle on the Seas*, *Utopia*, *Icon*,

Wonder of the Seas, die *Queen Mary 2*, die *AIDAdiva*, *AIDAbella* und fünfzehn weitere. Damit waren doppelt so viele Kabinen bereitgestellt als nötig gewesen wären, aber niemand unter den Teilnehmern war bereit, in einer fensterlosen Innenkabine zu hausen.

Das Team Aasiaat brachte einen Vorschlag, der zunächst paradox erschien. Es forderte, fossile Energien und Atomkraft wieder verstärkt zu nutzen. »Der Effekt führt dazu, dass diese Bodenschätze schneller aufgebraucht werden, und so stehen sie bald nicht mehr zur Verfügung. Erst dann ist der Verzicht realistisch, weil unumgänglich«, war die Kernaussage.

Insgesamt sei es ja so, dass vor 400 bis 100 Millionen Jahren Erdöl, Erdgas und Kohle entstanden; alle aus organischem Material – Erdöl und -gas aus Kleinstlebewesen in den Meeren, Stein- und Braunkohle aus Bäumen. Damals waren der Erde gewaltige Energiemengen entzogen worden und lagerten seitdem unter dem Meer und in der Erde. Sie wurden seit der Industrialisierung wieder frei gesetzt, durch Abbau der ›Bodenschätze‹ und deren Verwertung – sprich Verbrennung. »Alles in Allem ist für den Planeten Erde die Bilanz nicht anders, als wenn niemals Kohle oder Erdöl entstanden wären«, führte der Referent aus.

Das Team Qaqortoq im Süden beschäftigte sich mit der Einbindung der Industrie in den Klimaschutz. Es forderte die Steuerbefreiung für alle Menschen mit einem Jahreseinkommen von mindestens einer Million und aller Firmen mit einem Jahresumsatz von mindestens einer Milliarde US-Dollar. Zur Begründung führte Luciano Mallozzi aus Neapel aus: »Der entsprechende Personenkreis zahlt traditionell so gut wie keine Steuern. Bei Steuerzwang setzen die Reichsten der Reichen alles dran, diese zu vermeiden. Sie beschäftigen versierte Steuerberater, nutzen sämtliche Schlupflöcher, legale wie illegale, gründen Scheinfirmen, verlagern Gewinne in Steueroasen. Sie engagieren gewiefte Staranwälte, die die Steuerlast vermeiden helfen beziehungsweise so weit als möglich nach unten drücken. Die Reichsten der Reichen geben ihre Gewinne lieber für diese Anwälte aus als sie dem Staat zukommen zu lassen.«

Weiter argumentierte Mallozzi: »Durch die Steuerbefreiung fallen diese ganzen Anstrengungen weg und die Kapitalisten können frei entscheiden, was sie mit ihrem Reichtum anstellen wollen. Sie werden erkennen, dass sie ihrem eigenen Nachwuchs das Weiterleben auf diesem Planeten erschweren, wenn keine Maßnahmen ergriffen werden. Ohne Steuerzwang werden sie nicht sofort altruistisch, das nicht, aber ihre Energien können sie kreativ auf die Entwicklung und Einführung umweltschonender Technologien richten.«

Als Vertreter des Grönländischen Umweltverbandes bekam auch Jørgen Eqaluk Møller Rederecht. Ihm war anzumerken, dass seine Geduldsgrenze überschritten war; vorwurfsvoll unterstrich ›der Freundliche‹ die Auslegung Yukawas: »Wir haben der Weltklimakonferenz angeboten, sämtliche Teilnehmer in unseren Familien zu beherbergen. Unser Verband hat immense Anstrengungen unternommen, unsere Landsleute vom Sinn dieser Maßnahme zu überzeugen. Beinahe alle Grönländer waren bereit, sich zu beteiligen, aber fast alle Teilnehmenden zogen es vor, Kreuzfahrtschiffe für Unterbringung und als Tagungsort zu benutzen. Das ist ein Affront gegen die Gastfreundschaft meiner Landsleute«, schimpfte Eqaluk. Er forderte, Klimakonferenzen künftig zu meiden oder ganz abzuschaffen. »Alles was hier auf Grönland erarbeitet worden ist«, stellte er fest, »das hätte genauso gut in Video-Zusammenkünften erreicht werden können – ohne massenweisen Schadstoffausstoß.«

Als Beispiel führte er die Schäden durch die Klimakonferenz des Jahres 2012 in Doha an, von der belastbare Zahlen vorlagen, nämlich:

130.000 t CO_2 (Tonnen Kohlendioxid) durch Flüge
200 t CO_2 durch Busse und Taxen
3.500 t CO_2 durch Klimaanlagen und Licht
800 t CO_2 durch Verpflegung
1.800 t CO_2 durch Unterkünfte.

Das waren insgesamt 136.300 Tonnen Kohlendioxid und entsprach damit der gesamten Emission einer Großstadt von 400.000 Einwohnern wie Bochum im gleichen Zeitraum.

Von Eqaluks Rede nahm kaum jemand Notiz.

* * *

Wir, der *smarte* Breitwegerich, wohnten den Verkündigungen der Maßnahmen auf unsere Weise bei, unbemerkt von der herrschenden Spezies. Nach Kenntnis aller bisherigen Verhaltensweisen des Homo sapiens würde keine der angestrebten Strategien zum Ziel führen. Den günstigsten Effekt hätte noch die Reduzierung der Weltbevölkerung. Diese Maßnahme würde jedoch, wie schon von den Autoren prognostiziert, erheblichen Widerstand hervorrufen, die Verkürzung der Lebenserwartung dabei noch mehr als die Geburtenregelung, so sinnvoll beide auch wären. Die Steuerbefreiung für die Superreichen hingegen würde kaum Widerstand hervorrufen – am wenigsten bei der Upperclass.

Diese Weltklimakonferenz wird wie ihre Vorgängerveranstaltungen den Klimawandel nicht aufhalten. Waren die Feststellungen dieser klugen Forscher noch so korrekt, die Maßnahmen noch so sinnvoll – sie werden wie in der Vergangenheit scheitern. Politiker waren nicht bereit, der Wissenschaft zu folgen. Der Mensch wird weiter an seinem Suizid arbeiten – am erweiterten Suizid: Homozid plus Naturazid.

25 Kadyktschan

In Kadyktschan standen viele leere Ein- und Mehrfamilienhäuser sowie zahlreiche verlassene Wohnblocks. In vielen war einiges an Hausrat zurückgelassen worden: Kücheneinrichtung, Bücher, Mobiliar, Notizhefte, Filmrollen, Plattenspieler, Stereoanlagen, Bierkästen, Gerümpel, Stromzähler.

Kadyktschan war eine Stadt im Oblast Magadan, weit im Osten Sibiriens, die während des Zweiten Weltkriegs von Häftlingen erbaut wurde als Unterkunft für Bergleute im Kohleabbau. In den 1980er Jahren hatte sie 10.000 Einwohner, aber nach Schließung der Minen vor der Jahrtausendwende zogen nach und nach sämtliche Einwohner weg, übrig blieb eine Geisterstadt mit zahlreichen Hinterlassenschaften: Straßenlaternen, Spielplätze, Einrichtungsgegenstände, Geräte wie Motoren, Rundfunk- und Fernsehgeräte, einige Personenkraftwagen, Busse, LKWs, ein Bagger und eine Planierraupe. Keines der Geräte war funktionsfähig, aber Xerxes betrachtete den Ort als Möglichkeit, unbemerkt Erfahrung mit menschlicher Technik zu sammeln.

Die Quänner machten sich daran, Häuser und Wohnungen zu durchsuchen, sie trugen Werkzeug zusammen und konnten sogar eine Werkstatt in Betrieb setzen. Techniker fanden einen Dieselgenerator und in den Tanks einer verlassenen Tankstelle war ausreichend Sprit vorhanden. Der Generator lief nach einer Woche, eine Woche drauf funktionierten die Stereoanlage, ein elektrischer Kocher, Bohrmaschinen und vieles mehr. Nach einem Monat brummte ein Lada, der mühevoll zusammengeschraubt worden war. Er hatte keine Fenster, die Karosserie war zu zwei Dritteln verrostet und die Räder hatten platte Reifen – aber der Motor lief.

* * *

Wir, der *smarte* Breitwegerich, waren nicht untätig geblieben. Bereits im Jahr vor der Klimakonferenz in Nuuk hatte sich der Plantago Erectus von der Republik Komi aus massiv ausgebreitet, sodass die aufrechte Form mittlerweile ein Heer von fünfhunderttausend *Mann* bildete. ›Mann‹ stimmt natürlich nicht, doch welche Bezeichnung wäre angebracht? Wir sind nicht *Mann*, wir sind nicht *Frau*, wir sind Pflanze. So nenne ich, Herodot, den Plantago Erectus »Quann«, Plural »Quänner« – ein Kofferwort aus **Qu**antum und **Mann**, denn seine Entwicklung war ein Quantensprung in der Evolution.

Der ›Quantensprung‹ ist, physikalisch gesehen, das denkbar Kleinste. Innerhalb eines Atoms geht ein Quantenzustand in einen anderen über, aber im allgemeinen Sprachgebrauch der Menschen wird nach Duden darunter ein Fortschritt verstanden, ›der eine Entwicklung innerhalb kürzester Zeit ein sehr großes Stück voranbringt‹.

500.000 Quänner also gab es bereits in Europa. Der Quann hatte sich nach Westen an Moskau vorbei und über Belarus oder Weißrussland hinaus verbreitet bis in den Białowieża-Urwald in Polen, nach Norden hin zum Weißen und dem Nordpolarmeer und im Osten bis in die ostsibirischen Gebirge, in denen auch Kadyktschan liegt, 9000 Kilometer entfernt von Koslan. Im Süden erreichte er über Kasachstan und die Mongolei die nördlichen Teile der Volksrepublik China.

Geführt wurden die Quänner von General Xerxes Udorsky. Er hatte sich nach Xerxes I genannt, einem persischer Herrscher und ägyptischen Pharao, der im fünften Jahrhundert vor Christus lebte und dessen Name ›Über Helden herrschend‹ bedeutet. Er befehligte 100 Brigaden von je 5.000 Quännern, jede kommandiert von jeweils einem Oberst. Sie hielten sich im Verborgenen in der Umgebung größerer Städte wie Tyumen, Omsk, Novosibirsk, Krasnojarsk und Bratsk auf. Xerxes hielt Kadyktschan für ein geeignetes Feld zum Experimentieren, weswegen er die Brigade Hannibal dorthin geschickt hatte.

Die Vorbereitungen waren von langer Hand geplant. Jedes Individuum der Brigade erhielt über seine Wurzeln von der Breitwegerich-Gemeinschaft mittels Plantagonen-Organ alles Wissen für sein Spezialgebiet. So wuchsen in den Wäldern von Komi KFZ-Handwerker, Elektriker, Schlosser, Werkzeugmacher und Schweißer heran. Sie hatten alles Fachwissen in ihrem Pflanzengehirn gespeichert, es wuchs mit ihnen aus der Erde und war nach drei Monaten abgeschlossen. Danach waren die Verbindungen zum Allwissen der Breitwegeriche gekappt zugunsten ihrer Beweglichkeit und Handlungsfähigkeit.

Von nun an war jedes Exemplar der Art *Plantago Erectus* ein Spezialist, hatte Kenntnisse auf seinem Spezialgebiet mit auf den Weg gekommen.

* * *

Es kam die Probefahrt. Benhur Mesen, der Fahrer, setzte sich hinter das Steuer. Aus seinem mitgewachsenen Wissen wusste er, dass er bei diesem alten Lada die Kupplung treten, den ersten Gang einlegen, Gas geben und die Kupplung kommen lassen musste.

Das Werkstatt-Team stand um ihn herum und nicht nur das Team, die ganze Brigade war angerückt, Hannibal, der Oberst, stand ganz vorne. 5.000 Quänner wollten das erste Meisterstück der Reparaturarbeiten miterleben.

Benhur startete den Motor, legte den ersten Gang ein und gab Gas, der Motor heulte auf. Benhur ließ die Kupplung kommen, der Wagen machte einen Satz nach vorne und knallte gegen eine Wand. Der Fahrer wurde nach vorne gerissen, sein Kopf schlug gegen den Rand des Dachs, eine Windschutzscheibe war nicht vorhanden. Der Brustkorb prallte gegen den Lenker.

Benhur blieb sitzen. Er war nicht erschrocken, er war nicht geschockt, er hatte keine Schmerzen, er war nicht benommen. Er kannte keine Gefühle, keine Enttäuschung, keine Angst, er musste jedoch seine Gedanken sammeln. Das dauert auch bei einem Quann einen Moment. Dank des elastischen, pflanzlichen Aufbaus seiner Organe hatte Benhur sich keine Verletzung zugezogen.

Den Zuschauern ging es nicht anders. Keine Enttäuschung, nur die Erkenntnis: Es hatte nicht funktioniert.

Am schnellsten reagierten die fünf Automechaniker der Brigade, sie besahen sich den Schaden. Die verbeulte Stoßstange hatte noch ein paar Dellen mehr, eine Halterung war abgerissen, die schnell wieder angeschraubt wurde.

Benhur stieg aus und sagte, hauptsächlich an Hannibal gerichtet: »Das war nicht die richtige Kombination von Kupplung und Gas. Ich muss einen zweiten Versuch machen.«

Doch wollte er nicht noch einmal in Richtung Wand starten. Benhur stieg wieder ein und einige Quänner schoben den Wagen zurück, bis Benhur eine freie Fläche vor sich hatte.

Erneut legte er den ersten Gang ein, trat vorsichtig auf das Gas und ließ die Kupplung kommen. Der Lada machte einen kleinen Satz, ruckte und blieb stehen. Der Motor war aus. »Abgewürgt«, äußerte sich Benhur. Das Wort kannte er aus seinem vererbten Plantagonenwissen. Nun kannte er auch seine praktische Bedeutung.

Es brauchte noch ein halbes Dutzend weiterer Versuche, bis Gas und Kupplung übereinstimmten; dann endlich war es so weit, der alte Lada setzte sich, vielleicht nach mehreren Jahrzehnten, erstmals wieder in Bewegung. Benhur gab mehr Gas, der Motor wurde immer lauter, Benhur musste schalten, trat die Kupplung und legte den zweiten Gang ein. Der Wagen stotterte und blieb stehen. Die Fehleranalyse ergab: Er hatte nicht den zweiten, sondern den vierten Gang eingelegt.

Erneuter Versuch. Diesmal gelang es, der Wagen wurde schneller, beschleunigte, Schalten in den dritten Gang war nötig. Gleichzeitig bemerkte der Fahrer, dass er sich einem Wohnblock stark genähert hatte. Er versuchte zu bremsen, aber das Auto wurde schneller und bevor er das Lenkrad herumreißen konnte, schrappte er schon an der Wand entlang. Benhur hatte die Bremse mit dem Gas verwechselt.

Der Schaden am Lada war nicht sehr hoch. Auf die Schrammen kam es nicht an, noch fuhr er. Und Benhur übte weiter, sammelte Erfahrung. Ohne Fahrlehrer musste er sie allein auf sich gestellt sammeln. Er hatte reichlich Wissen von vielen Fahrlehrern vererbt bekommen, aber umsetzen musste er es selbst. Er war sein eigener Lehrer.

Den anderen Handwerkern erging es nicht anders, sie mussten lernen, lernen, lernen – die Praxis erlernen. Das war der Sinn der Unternehmung, das Ziel der Brigade Hannibal. Nach und nach stellten sich die Erfolge ein, die Mechaniker konnten Stromgeneratoren in Gang setzen, Fahrer konnten bald Autos, aber auch Busse und LKWs fahren, Bagger und Baumaschinen bedienen. Kleinere Unfälle gab es immer wieder, doch die gehörten zum Lernprozess dazu.

* * *

Die Erfolgsmeldungen gelangten zu General Xerxes über die Wurzel-Wegeriche, von denen die Männer einige Dutzend Exemplare mit auf ihren Exkurs genommen hatten.

Ähnliche Experimente fanden nicht nur in Kadyktschan statt, der Plantago wusste von vielen verlassenen Orten in Sibirien. Alles ließ sich erforschen, doch nicht nur in Europa.

Quänner gab es auf allen Kontinenten:

in der Provinz Saskatchewan in Kanada,
im Northern Territory Australiens,
dort vor allem weit verbreitet im Kakadu Nationalpark,
im Regenwald der Zentralafrikanischen Republik und
in den Amazonas-Wäldern.

Überall, in den Ruinen wie in den Wäldern, erkundete der Plantago Erectus die humane Zivilisation und Technik. Wir, der *smarte* Breitwegerich, setzten universelles Wissen in Praxis um. Das war langwieriger als über theoretische Berechnungen vorhersehbar, aber was wir einmal gelernt hatten, konnten wir über den Wurzel- oder Mittler-Wegerich ins allgemeine Wissen integrieren. Dann ließen wir einen Quann oder viele Quänner wachsen, die mit diesem Wissen zum Spezialisten aufwuchsen, und zwar sehr schnell: Drei Monate dauerte es und nicht fast zwanzig Jahre wie beim Menschen.

Die Quänner ähneln in Gestalt und Aussehen dem Menschen, von den Haaren einmal abgesehen. Auch ihr Verhalten mag allzu menschlich wirken. Doch das ist einfach imitiert, sicherlich sehr gut imitiert. Trotzdem unterscheidet sich seine Gedankenwelt grudsätzlich von der humanen. Wie beim gesamten Breitwegerich in seinen verschiedenen Ausprägungen ähnelt das Denken mehr den Abläufen in einem Computer als in einem menschlichen oder auch tierischen Gehirn.

Wir können allerdings den Schein aufbauen, als hätten wir Gefühle oder ein ästhetisches Empfinden. Obwohl es so wirkt, ist es in Wirklichkeit nichts anderes als eine realitätsnahe Illusion, die wir mit unserem enormen theoretischen Wissen erzeugen. Menschliche Programmierer haben versucht, ihrer künstlichen Intelligenz eine Art Gefühlsleben mitzugeben. Sie haben sogar versucht, aus vorhandenem Material wie Texten, Briefen, Interviews, Tagebucheinträgen oder Ähnlichem eine Art Persönlichkeit von Verstorbenen auferstehen zu lassen. Gibt es Tonaufzeichnungen wie Tonbänder, ließ sich sogar die Stimme imitieren. Fiktive Gespräche mit den Toten sollten dadurch möglich werden.

Wir, der *smarte* Breitwegerich haben uns gegen solche Verfahren entschieden. In der Entwicklung der Tierwelt erbrachten Emotionen klare Überlebensvorteile. Unser pflanzliches Naturell ist nicht auf ein Gefühlsleben angewiesen.

Und es ist selbst uns viel zu komplex und zu kompliziert.

26 WCC III
Abschluss

Der feierliche Abschluss der Weltklimakonferenz fand in verschiedenen Sälen statt, die Hauptkundgebung im Konferenzsaal des Nuuk-Hotels. Erhöht saßen an einem langen, weißen Tisch die Arbeitsgruppenleiter, an der Wand hinter ihnen wurden das Logo der Konferenz gezeigt, zwei »C« für Climate Change, wobei das größere das kleinere umschloss wie konzentrische Kreise, beide umrankt von den halbkreisförmigen stilisierten Ähren der Vereinten Nationen. Dieses Logo wechselte sich ab mit Bildern der anderen Konferenzsäle in verschiedenen Städten Grönlands wie auch auf den zahlreichen Kreuzfahrtschiffen in den Häfen.

UN-Generalsekretär Andry Rajoelina, ehemaliger Präsident Madagaskars, hielt die Abschlussrede. Er bedankte sich bei Tuusi Hammond für die Bereitschaft, Grönland als Austragungsort der Weltklimakonferenz bereitzustellen und die Anstrengungen, die sein Land dafür unternommen habe.

»Es war naiv, in den siebziger Jahren des letzten Jahrhunderts ein Zwei-Grad-Ziel und ähnliches zu formulieren. Diese Ziele konnten niemals eingehalten werden und waren nie realistisch«, fasste er zusammen. »Doch mit den Beschlüssen unserer Konferenz ist man dem Ziel, die Folgen des Klimawandels zu bewältigen und die Schäden in den Griff zu bekommen, ein großes Stück weit nähergekommen die Schäden in den Griff zu bekommen.« Rajoelina ging auf die Begriffe *Loss and Damage* ein, die über Jahrzehnte hitzige Diskussionen ausgelöst hatten. Bereits 1991 hatte die Allianz kleiner Inselstaaten OASIS eine Klimaversicherung gefordert, um durch Anstieg des Meeresspiegels verursachte Verluste, *Loss*, auszugleichen. Der ›Fahrplan von Bali‹ gab 2007 den Anstoß, Klimaschäden, *Damage*, finanziell zu kompensieren. »Doch bis zu dieser Zusammenkunft in

Nuuk hat es gedauert, die betroffenen Länder konkret zu entschädigen«, schloss Andry Rajoelina.

Wie auf ein geheimes Zeichen hin erhoben sich alle Delegierten, auch die am langen Vorstandstisch standen auf. »Ich freue mich auf die Nachfolgekonferenz im nächsten Jahr in Abuja in Nigeria auf dem schönen Kontinent Afrika. Ich bin der festen Überzeugung, bis dahin werden wir gewaltige Fortschritte gemacht haben in der Umsetzung all der Maßnahmen, die auf dieser Konferenz beschlossen wurden.«

Damit schloss der Präsident der Vereinten Nationen seine Rede und verkündete das Ende der Konferenz. Beifall brandete auf. Die Kamera schwenkte in Nahaufnahme über zahlreiche berühmte Gesichter. Viele Staaten hatten ihren Präsidenten oder andere ranghohe Politiker nach Grönland geschickt, es erhöhte das Image, dabei gewesen zu sein. Doch Tuusi Hammond, der Gastgeber, war auf der Feierstunde nicht zu sehen.

* * *

Professor Schrötke erhob sich und ging zum Fernsehapparat. Er, seine Frau Marga und Tochter Saskia hatten die Liveübertragung verfolgt. »Ganz schön viel Geklatsche für so was Dürftiges an Ergebnissen«, sagte er ironisch.

»Stimmt«, meinte Saskia. »Die haben wie die Wilden diskutiert. Und nun wird alles auf der ganzen Welt boykottiert werden – wie immer.«

»Und Tuusi Hammond ist anscheinend schon gegangen«, ergänzte Marga. »Oder habt ihr ihn gerade gesehen? Der hat bestimmt die Schnauze voll von dem Rummel.«

Die Kamera der Übertragung fuhr zurück im Saal, der Vorstandstisch wurde kleiner, die Videoleinwand übersichtlicher, man sah fast alle Leute im großen Saal des Nuuk-Hotels. Per Videokonferenz waren auf der Leinwand zwanzig weitere Säle zu sehen, in denen Leute standen und klatschten.

Als ob sie weiche Knie bekommen hätten, sanken plötzlich alle Personen zu Boden, gleichzeitig, im Nuuk-Hotel wie auch in den von außerhalb übertragenen Sälen. Schlagartig war es still, kein Klatschen, kein gesprochenes Wort mehr, kaum noch eine Bewegung war auszumachen.

Der Professor war verblüfft. Er legte die Fernbedienung zurück, drehte sich zu Frau und Tochter um und stellte die Frage in den Raum: »Was soll das jetzt?«

»Vielleicht wollen die etwas demonstrieren. Das scheint abgesprochen«, meinte Saskia. »Alle gleichzeitig zu Boden … die wollen uns damit was sagen.«

»Ich weiß nicht«, entgegnete ihr Vater. Das sind doch alles gestandene Leute, Staatsmänner, Wissenschaftler. Das sind keine Studenten oder Spontis. Die kriegt man doch nie alle unter einen Hut, selbst wenn jemand so einen Vorschlag machen würde. Und nicht einer steht mehr, wie's aussieht.«

»Ja, komisch«, stimmte Marga zu. »Was mich wundert: Auch der Kommentator sagt nichts mehr.«

Die drei starrten auf den Bildschirm. Schrötke ging zurück und setzte sich wieder in den Sessel. Er blickte auf das unbewegliche Bild, es hätte genauso gut ein Foto sein können. Anfänglich sah man noch einzelnes Zucken, nun rührte sich nichts mehr, nur ein Insekt flog über die Linse der Kamera. Somit war klar: Sie filmte weiter, aber sie schwenkte nicht um und zoomte nicht vor oder zurück.

Familie Schrötke war ratlos. Was hatte das zu bedeuten? Ewig lange fünf Minuten vergingen ohne Veränderung, ohne Ton. Dann kam etwas, was die Eltern seit Jahrzehnten nicht mehr gesehen hatten, Saskia kannte es überhaupt nicht: ein Testbild.

Dazu meldete sich eine Sprecherin zu Wort, eine Stimme aus dem Off: »Meine sehr verehrten Damen und Herren, liebe Fernsehzuschauer. Wir bitten, die Störung zu entschuldigen. Es ist ein Übertragungsfehler aufgetreten, über dessen Natur wir bisher keine Klarheit haben. Unsere Techniker sind dabei, die Ursache zu analysieren. Leider haben wir derzeit keine Kommunikationsmöglichkeit zu unserem Team vor Ort, es scheint eine massive Beeinträchtigung sämtlicher Verbindungen vorzuliegen. Was wir bisher konkret in Erfahrung bringen konnten ist die Tatsache, dass es den meisten übrigen Sendeanstalten im In- und Ausland ähnlich geht. Wir bemühen uns, die Übertragung so schnell wie möglich fortzusetzen. Bis dahin unterhalten wir Sie mit der Aufzeichnung von Gustav Mahlers Symphonie ›Das Lied von der Erde‹ mit der Elbphilharmonie Hamburg aus dem Jahr 2025 unter der Leitung von Kent Nagano.«

Das muss ich mir wirklich nicht ansehen«, meinte Peter Schrötke und griff zur Fernbedienung. »Oder will jemand?«

Kopfschütteln war die Antwort.

27 Gas

Bioterroristen waren schnell als Schuldige für den Giftgasanschlag auf die Teilnehmer der Klimakonferenz in Nuuk ausgemacht. Ein Bekennerschreiben lag nicht vor, belastbare Beweise gab es bisher nicht, aber welche Tätergruppe hätte ansonsten infrage kommen können? Klimaaktivisten in aller Welt distanzierten sich wortreich, das verhinderte jedoch nicht, dass es zu Tausenden von Festnahmen kam.

Erstaunt waren Fachleute über die Durchführung und das Ausmaß des Anschlags, bei dem es sich eindeutig um Vergiftungen mit Kohlenstoffmonoxid handelte. Es musste in extrem hoher Konzentration in die Versammlungssäle eingelassen worden sein, anhand der Spektralanalysen wurde klar, dass die Verstorbenen Gas mit annähernd 100 Prozent Kohlenmonoxid eingeatmet haben mussten. Wie das trotz aller erdenklichen Sicherheitsmaßnahmen, die jede Klimakonferenz begleiteten, gelingen konnte, blieb rätselhaft.

Ein Verdacht richtete sich aber auch gegen den Regierungschef Grönlands, Tuusi Hammond, den ›Fuchs‹. Wieso hatte er die Konferenz vorzeitig verlassen? Wusste er etwas von der drohenden Lebensgefahr? Steckte er mit den Tätern unter einer Decke oder hatte er die Aktion gar veranlasst? Seinen Reden war deutlich anzumerken gewesen, dass er mit der gesamten Klimapolitik in keiner Weise einverstanden war.

Der Premierminister war durch sein Amt und die politische Immunität vor polizeilicher Verfolgung geschützt. Auch wenn er immer wieder sein Entsetzen über die Tat äußerte, sich die Vorgänge nicht erklären konnte und natürlich jegliches eigene Mitwirken als groteske Unterstellung abtat, wurden im Ausland bald Forderungen laut, ihn beim Internationalen Gerichtshof anzuklagen. Er hatte gegen das

Völkerrecht verstoßen, weil durch seine Mitwirkung oder Unterlassung von Schutzmaßnahmen eine Reihe Staatspräsidenten und hohe Regierungsmitglieder aus aller Welt zu Tode gekommen waren, UN-Generalsekretär Andry Rajoelina eingeschlossen.

* * *

Doch waren längst noch nicht alle Ermittlungen abgeschlossen. Wie in einem bösen Traum war den Sicherheitsbeamten nach dem Zusammensinken der Konferenzteilneimer klar geworden, dass da etwas Schreckliches passiert sein musste. Jegliche Kontaktversuche waren gescheitert – die Menschen in den Tagungsräumen waren weder über ihre privaten noch über ihre beruflichen Handys zu erreichen, ebenso wenig ihre Mitarbeiter und auch kein Crewmitglied auf den Kreuzfahrtschiffen, weder die Kapitäne, die höheren Offiziere noch sonstige Beschäftigte.

Nach und nach dämmerte den zuständigen Behörden und Geheimdiensten, dass es wohl keine Überlebenden dieser Klimakonferenz gab und dass es sich um einen Anschlag handelte, nicht um einen Unfall. Der überlegene Gegner musste sich höchstwahrscheinlich noch immer in den Gebäuden und auf den Schiffen befinden. Denn die Masse von Atentätern, die für eine solche Aktion erforderlich war, hätte nicht unbemerkt von Grönland fliehen können. Flucht ins grönländische Eis wäre einem Selbstmord gleichgekommen.

Man rechnete vor der Untersuchung der Räumlichkeiten und der Schiffe mit massivem Widerstand, weshalb es drei Tage dauerte, bis die Erstürmung des Nuuk-Hotel und der übrigen Lokalitäten in Angriff genommen wurde. Schwer bewaffnete Polizei und Elitesoldaten aus aller Welt gingen gemeinsam vor. Hammond und sein Kabinett hatten den internationalen Kampfeinsatz auf grönländischem Territorium ausdrücklich befürwortet.

Das Ergebnis war überraschend: Es gab keine Barrikaden, es gab keine verschlossenen Türen. Keinerlei Widerstand stellte sich den Kämpfern entgegen, es fiel kein einziger Schuss. Man fand nicht eine Person, die sich ohne Berechtigung in den Gebäuden und Schiffen aufgehalten hätte. Die Leichen der Konferenzteilnehmer hatten ihre Dienst-, die Reporter ihre Presseausweise, Kameraleute und Kommentatoren ihre Arbeits- und Servicepersonal die Personalkarten bei sich oder an einem Bändel umhängen. Die Überprüfung ergab, dass alle echt waren.

Im nächsten Schritt mussten die Leichenscheine für 45.000 Tote ausgestellt werden, 30.000 für Konferenzteilnehmer und nochmals 15.000 für die zahlreichen sonstigen Mitwirkenden. Das Problem war, dass es nur 111 Ärztinnen und Ärzte auf der ganzen Insel gab. Die Aufgabe war für sie nicht zu bewältigen, hätte doch jeder über vierhundert Tote untersuchen müssen. Also schickte das dänische Mutterland Ärzte. Die Gesamtheit der dänischen Ärzteschaft betrug knapp 30.000 Mitglieder, und sehr schnell hatten sich unter ihnen 1.500 freiwillige Leichenschauer rekrutieren lassen.

Der Abtransport der Leichen wurde organisiert, teils direkt mit den Kreuzfahrtschiffen, in denen sie lagen. Dazu mussten mehrere Ersatzcrews einreisen. Die sterblichen Überreste der wichtigsten Persönlichkeiten, vor allem der Staatsmänner, wurden ausgeflogen, die restlichen wurden in den Kühlkammern einer Fischereiflotte konserviert.

Derweil ging die Jagd auf die mutmaßlichen Klimaterroristen weiter. Wessen auch immer man habhaft werden konnte, kam in Untersuchungshaft, ob er nun zu *Fridays for Future*, der *Letzten Generation*, *Ende Gelände* oder *Extinction Rebellion* gehörte. Etliche Mitglieder von *Greenpeace* wurden verhaftet, selbst Mitglieder des *Zentrums für politische Schönheit* wurden festgenommen, obwohl sie sich bisher nicht explizit mit Umweltthemen beschäftigt hatte.

Trauerfeiern und Staatsbegräbnisse fanden in aller Welt statt und prägten die Nachrichten. Sondersendung folgte auf Sondersendung. Immer wieder wurden Rufe nach Verfolgung und harter Bestrafung der Täter laut. Wer noch den 11. September 2001 miterlebt hatte, der fühlte sich daran erinnert, weltweit herrschte eine bedrückte, fassungslose Stimmung.

* * *

Bei Professor Schrötke kam noch ein weiterer Gedanke hinzu. »Was habe ich mich geärgert, dass ich nicht nach Nuuk reisen durfte«, sagte er zu seiner Frau. »Nun ist die arme Helene Fischer tot.«

»Helene Fischer?«, hakte Marga nach.

»Nein, natürlich nicht. Sie hieß Elena Frischer. Wir machten uns immer einen Spaß draus, sie nach der Sängerin zu nennen. Die mochte sie nämlich überhaupt nicht. Ist ja auch viel älter. Elena hat's immer mit Humor genommen. Mein Gott, war ich kleinkariert …«

»Was soll ich dazu sagen?«, fragte sich Marga. »Das konnte doch niemand ahnen. Jedenfalls bin ich froh, dass du hier bist.«

»Und ich erst«, rief Saskia, die zur Tür hereinkam. Sie hatte im Flur die letzten Sätze der Unterhaltung mitbekommen, ging zu ihrem Vater und fiel ihm um den Hals.

28 Nachschlag

Eine Woche später waren sämtliche inhaftierten Klimaaktivisten wieder auf freiem Fuß. Es war weniger die Tatsache, dass keine Beweise für ihre Beteiligung am Giftgasanschlag in Nuuk gefunden werden konnten. Der erneute, diesmal weltweite Anschlag war es, der sie entlastete. Ein Angriff dieses Ausmaßes konnte nicht von einer Handvoll Umweltaktivisten ausgehen, zumal deren gesamte Führungsriege hinter Schloss und Riegel saß.

Die Nachrichten verbreiteten sich nicht ganz so schnell wie eine Woche zuvor in Nuuk. Dort kam die Berichterstattung von der Klimakonferenz vor den Augen der Weltöffentlichkeit zum Erliegen, diesmal waren es zunächst lokale Informationen. Am Montagnachmittag verbreiteten die Newsticker: »Die Präsidenten Argentiniens und Brasiliens sind verstorben«; wenig später: »Russlands und Chinas Staatspräsidenten sind tot«, und am Abend wurde das Ableben der EU-Ratspräsidentin bekanntgegeben. Diese Persönlichkeiten waren zuvor der Weltklimakonferenz ferngeblieben. Der US-Präsident, der deutsche Kanzler, der französische Staatspräsident und der Premier von Großbritannien hatten bei der Abschlusszeremonie zu den prominentesten Opfern gezählt.

Auch Tuusi Hammond war entlastet von dem Vorwurf, er könnte seine Finger in den Anschlagsvorbereitungen gehabt haben – er gehörte mit zu den Toten. Das Fernbleiben von der Abschlusskonferenz hatte offenbar nichts anderes ausdrücken sollen als seinen Protest gegen die Veranstaltung.

Das alles waren Nachrichten, die schon aufmerken ließen, aber in den nächsten Stunden kamen immer mehr Meldungen hinzu. Sie tröpfelten aus den Tickern der Nachrichtenagenturen, und nach vierundzwanzig Stunden war klar: Alle, ausnahmslos alle Regierungschefs der Erde hatten die Nacht nicht überlebt. Und nicht nur sie waren tot, nein viele Kabinettsmitglieder ebenfalls, vor allem Minister für Umwelt, für Verkehr, für Landwirtschaft und Wissenschaft. Und auch das war klar: Alle, ausnahmslos alle sind an einer Kohlenmonoxidvergiftung verstorben.

Als wäre das nicht genug, trafen weitere Horrormeldungen ein. Es handelte sich dabei keineswegs um bedeutungslose Personen, auch wenn sie nicht ganz so sehr im Rampenlicht wie die Staatschefs standen. Es waren die Leiter großer Industrieverbände, Chefs von Autokonzernen, Inhaber von Reedereien, Logistik-Unternehmen, Chefs der Öl- und Kohleindustrie.

Die erneute Terrorwelle löste Angst und Rätselraten aus und die Medien überschlugen sich in Spekulationen über die Täter. Was war das für eine Macht, die die hochgeschützte Führungsschicht ausschalten konnte? Eine Macht, für die Sicherheitsbarrieren keine Rolle spielten? Wie war es möglich, dass diese Personen Giftgas ausgesetzt wurden, ohne dass es jemand in ihrer engsten Umgebung bemerkte? Und wo sollten die Sonderkommissionen mit ihren Ermittlungen beginnen? Nicht einmal die Richtung, in der sie suchen sollten, stand fest.

Weitere Unruhe entstand durch die notwendigen politischen Reparaturmechanismen. In den meisten Verfassungen war für den Fall des Todes eines Präsidenten die Nachfolge festgeschrieben, in der Regel war es der Vizepräsident, der die Geschäfte fortführte und ähnliche Verfahren galten für die Ministerstellen. Auch in der Industrie stand der Vertreter umgehend fest, selbst wenn er die Stelle zunächst kommissarisch bekleiden sollte. Es wurde allerdings zum Problem, dass kaum eine der Personen, die nachrücken sollten, in ihre neue Position aufsteigen wollte. Manfred Mai, ein Spross der Piëch-Familie und stellvertretender Vorstandsvorsitzender der Volkswagen AG erklärte in einem Interview: »Ich werde den Vorsitz nicht antreten. Ich habe, ehrlich gesagt Angst. Angst um mein nacktes Leben. Die

Terroristen haben es offensichtlich auf alle abgesehen, die sie für schuldig am Klimawandel halten. Der Staat hat keines der Opfer schützen können. Das ist ein übermächtiger Feind und warum sollte er vor den nachrückenden Entscheidungsträgern haltmachen? Ich kann nur für mich und meine Familie hoffen, dass mich mein Entschluss vor dem Schlimmsten bewahren wird.«

So offen wie Herr Mai sprachen sich längst nicht alle hohen Politiker und Wirtschaftsbosse aus. Doch viele von ihnen waren plötzlich dienstunfähig erkrankt oder schlicht unauffindbar.

Es entstand ein riesiges Chaos auf der politischen wie auf der wirtschaftlichen Ebene.

Fast unerträglich war es für die Zuständigen genauso wie für die Öffentlichkeit, dass keinerlei Bekennerschreiben auftauchte. Das erhöhte das Rätselraten und schaffte Platz für Vermutungen, Gerüchte und wilde Spekulationen. Und Fragen tauchten auf: Was konnte noch passieren? Was würde als Nächstes passieren?

Niemand hatte eine Antwort.

* * *

In einem Menschen keimte ein vager Verdacht.

Und seit dieser Verdacht in ihm auftauchte, konnte Professor Peter Schrötke kaum noch schlafen.

29 Verdacht

Professor Peter Schrötke glaubte zuerst selbst nicht daran. Wie konnte das eine mit dem anderen etwas zu tun haben? Groteske Anschläge fanden statt, in Grönland und auf der ganzen Welt. Journalisten gingen von mindestens 150.000 Todesopfern aus. Kein Fachmann hatte eine plausible Erklärung.

Das war das eine. Das andere war: In seiner Umgebung, hier in Mariendorf, keimte ein außergewöhnlich prächtiges Exemplar von Breitwegerich. Schrötke schalt sich selbst in Gedanken als geisteskrank, hier einen Zusammenhang zu vermuten. Der Plantago war ihm zunächst in Filzmoos aufgefallen, doch ›sein‹ Exemplar war noch beeindruckender. Kreuzungen waren denkbar, waren möglich, waren nicht auszuschließen; waren, je länger Peter Schrötke nachdachte, sogar wahrscheinlich. Hatte nicht er selbst bei seinen Untersuchungen Veränderungen festgestellt, die ihm merkwürdig vorgekommen waren, die er als Wucherungen abgetan hatte? Waren das wirklich Geschwülste oder steckte da nicht vielleicht ganz etwas anderes dahinter?

Hier war der Mensch, der dabei war, die Natur zugrunde zu richten. Die Wissenschaft hatte das erkannt, die Politik eierte um Lösungen herum, derweil das Klima den Bach runterging, im wahrsten Sinne des Wortes – in Form von heftigen Überschwemmungen weltweit. Der Tod der Teilnehmer der Klimakonferenz kam dem Professor vor wie eine Strafaktion gegen Ignoranz und Zögern.

Und **dort** war ein Gewächs, das in seiner Vitalität seinesgleichen suchte. War die Natur so weit, dass sie sich gegen den Schädling Mensch wehrte? War es ›sein‹ Breitwegerich, der sich wehrte?

Kaum vorstellbar war dieser Gedanke, aber welche Gedanken waren vorstellbar? Wer hatte eine Erklärung? Hatte der Plantago major Eigenschaften erlangt, die ihn zum Denken und zum Handeln befähigten? Und bestünde dieses Handeln aus der Herstellung von Giftgas? Das wäre unbegreiflich.

Die Gedanken kreisten im Kopf des Professors. Er lag im Bett, war todmüde und konnte doch nicht schlafen. In den letzten Nächten hatte er keine richtige Ruhe gefunden, aber kaum jemand – weltweit – konnte entspannen, ausspannen.

Peter Schrötke musste der Sache nachgehen. Da er sowieso wach war, stand er auf und kramte so leise wie möglich seine Utensilien zusammen: Taschenlampe, Unkrautstecher und Beutel.

»Was machst du?«, fragte Marga im Halbschlaf.

»Kann nicht schlafen«, antwortete ihr Mann. »Ich gehe mal an die frische Luft.«

»Gut, aber bleib nicht zu lang. Du brauchst auch deine Ruhe.«

»Keine Sorge. Schlaf du ein bisschen für mich mit.« Peter versuchte, einen kleinen Scherz zu machen.

»Hii-hii«, kicherte Marga ironisch und drehte sich zur Seite.

Weit hatte Schrötke es nicht bis zu den Mariendorfer Pfuhlen, wo die Wiese übersät mit Breitwegerich war. Es waren alles dicke, schöne, kräftige, saftige Exemplare. Der Wegerich schien im Begriff, die Herrschaft über das Pflanzenhabitat zu übernehmen.

Schrötke stach fünf Prachtexemplare aus. Nun hatte er einen Flecken von zwei Fußbreit mehr oder weniger abgeerntet. Im Kegel seiner Taschenlampe entdeckte er ein paar Winzlinge an Breitwegerich, die frisch gekeimte Exemplare sein mochten. Auch von ihnen löste er einige aus der Erde. Und dann war da noch etwas Rundliches, was mit Sicherheit kein Plantago war, aber auch nichts, was dem Professor irgendwie schon einmal untergekommen wäre. Es erinnerte eher an einen Pilz, einen Bovisten und war einer Kartoffel nicht unähnlich. Müde wie er eigentlich war, packte er auch diese Kugel ein, die seltsamerweise kaum in der Erde verwurzelt schien. Noch kam der Wissenschaftler nicht einmal auf die Idee, dass er eine unbekannte Spezies entdeckt haben könnte – eine neue Pflanzenart direkt vor seiner Haustür.

Mit seinen gesammelten Schätzen begab sich Schrötke in sein Privatlabor. Erst einmal musste ein Kaffee her. Aufgebrüht mit der elektrischen Espressomaschine und mit viel Milch und Süßstoff zügig getrunken: Die bleierne Müdigkeit wich und schwand komplett, als er die ersten Schnitte unter dem Mikroskop betrachtete. Ihm dämmerte, dass er im Begriff war, eine wissenschaftliche Sensation zu entdecken.

* * *

Wir, der *smarte* Breitwegerich, begleiteten Peter Schrötke bei seinen Forschungen auf unsere Art. Er war auf dem richtigen Weg. Wir hätten ihn stoppen können, aber wir schritten nicht ein.

30 Mutation

Oeckinghaus war hin und her gerissen, das spürte Peter Schrötke sofort und konnte das nur zu gut verstehen. Was er seinem Chef zu vermitteln suchte, war eine Zumutung.

Von seinem Verdacht hatte der Professor dem Institutsleiter anfangs nichts gesagt und ihn nur gebeten, sich im Mikroskop einige Schnitte anzusehen. Oeckinghaus beschwerte sich zunächst darüber, dass er so ein Geheimnis mache, er solle doch gleich sagen, um was es gehe, aber Peter Schrötke bestand darauf, dass sein Chef ins Mikroskop schauen sollte.

»Breitwegerich-Schnitte«, sagte der. »Na und?«

»Fällt Ihnen nichts auf?«

Oeckinghaus beugte sich, fast widerwillig, nochmals über das Okular. »Na ja, paar kleine Wucherungen sind da. Pflanzenkrebs. Gibt's halt. Kommt immer wieder vor. Wieso nicht auch beim Plantago?«

»Ja, das dachte ich auch erst«, räumte Schrötke ein, »aber dann habe ich genauer nachgesehen. Das sind keine wilden entarteten Zellen. Da gibt es klare, geordnete Strukturen.« Er legte das Präparat unter einen Mikroprojektor und konnte seinem Chef am Monitor zeigen, was er meinte. Im Myzel des Plantago reihte sich eine Zellgruppe an die nächste. Sie glichen mehr einem Gewebe, fast schon einem Organ, als einem Tumor.

Oeckinghaus zeigte sich interessierter. Als Schrötke ihm dann den ›kleinen Bruder‹ vorstellte, wich seine Skepsis. Sein Mitarbeiter zeigte ihm die auffälligen Zugwurzeln. »Das sind keine Wurzeln mehr«, behauptete er. »Das sind Gliedmaßen. Sehen Sie nur, wie die angeordnet sind. Mit diesen Gebilden kann der Mini-Wegerich sich bewegen. Der kann laufen wie eine Spinne.«

»Sie sind ja verrückt«, konstatierte der Chef. Doch er meinte das schon nicht mehr ernst. Und Schrötke setzte noch eins drauf:

»Und das Myzel, das ist das Hirn.«

Oeckinghaus richtete sich auf, schüttelte den Kopf. Doch es war nicht mehr nur Ablehnung, es war die Ahnung von etwas Unbegreiflichem. Als Schrötke ihm Nervenfasern zeigte, oder das, was er so interpretierte, fing er Feuer. Bereitwillig nahm er Schrötkes Überlegungen auf, versuchte sie nachzuvollziehen und zu verstehen, bis er vollends davon überzeugt war, dass hier ganz ungewöhnliche Mutationen vorlagen, Veränderungen in eine Richtung, die es bisher nicht gab. Sie hatten etwas vollkommen Neues vor sich.

Dann untersuchten beide den Klumpen. Bald waren sie sich einig: Hier gab es Sinnesorgane, einen Atem- und Verdauungstrakt und ein Nervensystem. Ein pflanzliches Tier, oder eine tierische Pflanze, gefunden in der Nähe des Breitwegerichs. Was hatten beide miteinander zu tun?

»So etwas habe ich noch nie gesehen«, erklärte Schrötke, »schon gar nicht in Berlin. Das ist ein Gewirr von Fasern und Membranen. Erinnert mehr an einen Topfschrubber als an etwas Lebendiges.«

»Wir brauchen eine Genanalyse«, entschied Oeckinghaus.

»Die wäre hilfreich. Die könnte Aufschluss bringen. Da kann man auch gleich den neuen und den kleinen Plantago sequenzieren und mit dem gewöhnlichen Breitwegerich vergleichen. Aber wer soll das machen? Wir machen ja in unserem Institut keine Gensequenz.«

»Da werde ich mal meine Kontakte zur Freien Universität aktivieren«, schlug Oeckinghaus vor. »Leider kann die genaue Analyse ein paar Wochen dauern.«

»Aber an den genetischen Markern müssten wir schon erkennen, in welche Richtung die Bestimmung geht. Die könnten wir in ein paar Tagen haben.«

»Das ist richtig, je schneller wir loslegen, um so eher werden wir auf jeden Fall ein Ergebnis haben«, stimmte der Chef zu.

31 Todesurteil

Der Mensch als Gattung ist der größte Schädling der Natur. Er ist im Begriff, sich selbst auszurotten – nur wollen das die wenigsten wahrhaben. Der Mensch begeht kollektiven Selbstmord. Das wäre nicht weiter tragisch, beginge er ihn ohne die Zerstörung seiner natürlichen Lebensgrundlagen. Doch genau das tut er – und reißt zahllose Lebensformen mit sich. Unzählige Tier- und Pflanzengattungen hat er bereits ausgerottet. Es ist an der Zeit, dem Einhalt zu gebieten.«

Marga und Peter Schrötke starrten verblüfft auf den Fernseher. Das Abendprogramm war zu Ende, sie wollten sich gerade bettfertig machen, da donnerte ihnen diese unheimliche Ansprache entgegen. Der Bildschirm wechselte zu einem grünen Hintergrund, über den die gesprochenen Sätze wie ein Filmabspann langsam nach oben glitten.

Das Paar setzte sich wieder und hörte und las mit zunehmendem Erschrecken, was ihnen verkündet wurde.

»Der Mensch war es, der mit Fallen und chemischen Mitteln Lebewesen, die er für schädlich hielt, auszurotten suchte. Er war dabei teilweise sehr effektiv. Durch Umgestaltung der Umwelt für ausschließlich eigene Zwecke hat er die Lebensgrundlagen für viele Arten zerstört. Massenhafter Ausstoß von Treibhausgasen führte zur Erhöhung der globalen Temperatur. Einige Menschen erkannten die schädlichen Auswirkungen, doch sie konnten sich nicht gegen die Ausbeuter der Natur durchsetzen.

Der Mensch ist ein Killer. Menschliche Rechtsprechung verurteilt Kapitalverbrecher. Nun sind wir es, die Recht sprechen. Wir verurteilen die Mörder, wir verurteilen die Menschheit. Die effektivste Strafe ist die Todesstrafe.

Wir verurteilen die Menschheit zum Tode.

Wir werden die Todesstrafe auf die humanste Art durchführen, die möglich ist. Wir werden keine grausamen

Methoden wählen wie Steinigen, Erhängen, Erschießen oder Ersticken mit reinem Stickstoff, wie es bei Schlachttieren und in einigen Fällen in den USA als Ersatz für die Giftspritze angewandt wird.

Der Mensch ist grausamer gegenüber seinesgleichen als wir es sind. Unsere Methode führt zu einem schmerz- und stressfreien, sehr schnellen Tod.

Wir haben in den letzten Wochen bewiesen, dass wir Mittel und Möglichkeiten haben, unsere Maßnahmen durchzusetzen. Es wird keine Ausnahmen geben, keine Möglichkeit, unserem Urteilsspruch zu entrinnen. Das Aussterben des Homo sapiens wird ökologisch keine nachteiligen Folgen haben, im Gegenteil, die Natur wird sich wieder unbeeinflusst entfalten können.

Obwohl wir keine menschlichen Wesen sind, ist uns bewusst, dass der Mensch ›letzte Dinge‹ regeln möchte, was auch immer er darunter versteht. Wir gestatten jedem einzelnen Individuum der menschlichen Rasse, seine letzten Dinge zu regeln.

Die Todesstrafe wird in exakt vier Wochen vollzogen werden, um Null Uhr koordinierte Weltzeit UTC, früher Greenwich Mean Time. Es wird Montag, der 30. September sein. Der Mensch hat ab sofort die Möglichkeit, sich darauf vorzubereiten. Mit dem letzten Sonntag im September endet für die Menschheit die Schonfrist.

Hiermit ist das Urteil vollständig verkündet.«

*

Marga und Peter sahen sich an. Beide waren erschüttert. »Wenigstens ist Saskia schon im Bett. Sie hat von der Drohung nichts mitbekommen. Erst mal jedenfalls«, versuchte sich die Mutter zu beruhigen. »Ich weiß nicht, was ich von dem jetzt halten soll.«

»Moment«, entgegnete ihr Mann. »Das geht noch weiter.« Tatsächlich fing der Sprecher wieder an zu reden und der gleichlautende Text wanderte über den Bildschirm.

»Es folgen nun einige Erklärungen, die mit dem Urteil nur indirekt zu tun haben«, drang aus den Lautsprechern.

»Dies ist der Urteilsspruch der Lebensform, die die Herrschaft der lebenden Wesen auf dem Planeten Erde übernommen hat. Wir konnten uns unbemerkt entwickeln, konnten der Entdeckerfreude der menschlichen Wissenschaft entgehen. Wir werden unsere Aktivitäten im Einklang mit der Natur entfalten, nicht gegen die Natur, denn wir sind Teil dieser Natur, das ist uns bewusst.

Wir konnten uns sämtliches Wissen des Menschen aneignen. Es wird erhalten bleiben. Somit werden die Kulturleistungen des Menschen dessen Existenz überdauern. Das könnte ein Trost sein. Würden wir den Menschen gewähren lassen, wäre er in einem kurzen Zeitraum ebenfalls verschwunden und sein gesamtes Kulturgut mit ihm.

Wir als Rechtsprechende der umfassenden Natur bestrafen den Menschen. Wir bestrafen weder Tiere noch Pflanzen. Deshalb richten wir einen letzten Appell an den denkenden Menschen: Am Vorabend eures Abschieds lasst sämtliche Haus- und Nutztiere frei. Sie sollen eine Chance auf Überleben erhalten. Die ist im Haus, in der Wohnung oder in einem Stall nicht gegeben.

Und – soweit möglich – pflanzt eure Zimmerpflanzen aus, in einen Park, auf eine Wiese oder in einen Wald.

Ein Appell an alle Zoodirektoren der Erde: Versucht so viele Tiere wie möglich noch in ihre natürliche Umgebung zurückzubringen.

Das ist das Ende unserer Mitteilung.«

*

Wieder schauten sich Marga und Peter verwirrt an, eher fassungslos. An Schlaf war nicht zu denken.

»Wer droht uns da?«, fragte Marga. »Wer will uns ausrotten? Kann das erst gemeint sein?«

»Wahrscheinlich ist es ernst gemeint. Es hat sich eine neue, intelligente Lebensform entwickelt, genau wie der Sprecher sagte. Und diese Lebensform ist mächtig. Das hat sie bewiesen, und der Sprecher hat es betont.«

»Du glaubst also, sie können uns töten.«

»Ja, das glaube ich. Sie haben es vorgeführt.«

»An ein paar zehntausend«, antwortete Marga. »Aber nun wollen sie mehrere Milliarden umbringen.«

»Wenn es bei Tausenden möglich war, wieso soll es nicht auch bei Milliarden möglich sein«, entgegnete Peter. »Anscheinend haben die die Mittel.«

»In vier Wochen ersticken wir also an Kohlenmonoxid?«

»Das hat er nicht ausdrücklich gesagt, dass es Kohlenmonoxid ist. Aber so wird es sein.«

»Scheiße, scheiße, scheiße. Ich will aber nicht sterben. Sollen sie doch die ignoranten Politiker killen und alle, die schuld sind an der Misere. Damit haben sie ja schon angefangen. Aber uns doch nicht! Wir haben uns doch schon immer umweltbewusst verhalten. Scheiße, scheiße, scheiße.« Marga war den Tränen nahe. »Kann denn keiner die aufhalten«, fragte sie noch.

»Es weiß ja noch niemand, mit wem wir es überhaupt zu tun haben,« entgegnete Peter. »Nur ich habe einen winzigen Verdacht.«

»Du hast einen Verdacht? Verdammt noch mal, was willst du damit sagen?«

»Marga, beruhig' dich. Ich muss dir was erklären.«

»Ich bin doch ganz ruhig. Nur dass man mir gerade gesagt hat, dass ich in vier Wochen hingerichtet werden soll. Ganz ohne Gnade, ohne Aufschub, ohne Recht auf Anhörung. Also ich finde, für diese Aussicht bin ich ruhig, wirklich ganz ruhig. Wenn man die Diagnose unheilbarer Krebs bekommt, kann es nicht schlimmer sein.«

Mit diesen Worten reagierte sich Marga tatsächlich etwas ab. »Nun bin ich aber gespannt, was du wissen willst, was sonst niemand weiß«, fuhr sie fort.

Peter fing an zu erklären. Er berichtete von dem Breitwegerich, den er in Filzmoos gefunden hatte, von seiner Züchtung, von wahrscheinlichen Mutationen, die stattgefunden haben könnten, von Veränderungen, die er gefunden hatte.

»Und du bist ernsthaft der Meinung, der Breitwegerich ist es, der uns ausrotten will?«

»Ich weiß, das klingt verrückt. Jede Erklärung für die Toten von Nuuk und all die andern muss verrückt klingen. Das hatte Oeckinghaus auch gesagt, aber der ist beinahe schon überzeugt. Wir forschen jedenfalls weiter.«

»Mit deinem Chef hast du also gesprochen. Und mir sagst du keinen Ton?« Marga war beleidigt.

Peter verteidigte sich: »Ich wollte etwas Konkretes in den Händen haben. Mit so einer aberwitzigen Vorstellung wollte ich dir nicht kommen – nicht bevor ich mir ganz sicher wäre.«

»Und jetzt bist du dir sicher?«

»Also irgendwie, nach diesem Todesurteil …« Peter machte eine nachdenkliche Pause. »Ja, nach diesem Todesurteil, das heute ausgesprochen wurde … jetzt bin ich mir ziemlich sicher.«

32 Hektik

„We, serving as judges for nature as a whole, we punish humans. We punish neither animals nor plants. Therefore, we make a final appeal to the thinking human being.

On the eve of your demise, release all pets and farm animals. They should be given a chance to survive. This is not possible in a house, flat or stable.

And – if possible – plant out your houseplants in a park, meadow or forest.

An appeal to all zoo directors around the world: try to return as many animals as possible to their natural environment.

This is the end of our message.«

Das war das Ende dieser denkwürdigen Mitteilung, wie sie in Großbritannien, in Nordamerika, auf Malta, in Australien, Neuseeland und etlichen afrikanischen Ländern gesendet wurde.

Die Nachricht erschien weltweit, in allen gesprochenen Sprachen und vielen Dialekten, auf allen Fernseh- und Rundfunkstationen. Sie wurde zu Beginn jeder vollen Stunde wiederholt, vierundzwanzig Mal insgesamt.

Es gab keinen Aufschluss und keinen Hinweis darüber, wer die Nachricht verfasst hatte, woher sie stammte. Kein Sprecher, keine Person war zu sehen. Auf den Fernsehgeräten wurde eine homogene, grüne Fläche gezeigt und der Text der gesprochenen Worte lief synchron dazu über die Bildschirme.

Von offiziellen Stellen kamen erstaunlich schnell Reaktionen:

»Das ist alles nur Panikmache.« –
»Das sind bloße Fake News.« –
»So etwas ist nicht durchführbar, das ist nicht zu verwirklichen.« –
»Keine Macht bringt es fertig, zehn Milliarden Menschen auszurotten.« –
»Das sind Terrordrohungen, die die Bevölkerung beunruhigen sollen.«

Drohungen wurden ausgerufen: »Wir werden die Verfasser aufspüren. Sie werden die Konsequenzen tragen müssen. So etwas ist unverantwortlich.«

Mahnungen machten die Runde:

»Bleiben Sie ruhig.« –
»Bleiben sie besonnen.« –
»Leben Sie ihren Alltag.« –
»Kommen Sie ihrem Beruf nach, das ist jetzt wichtiger denn je.« –
»Kommt Eurer Ausbildung nach, ihr habt euer Leben noch vor euch – trotz allem.«

Ruhe wurde also beschworen, aber all diese Sprüche erreichten nicht, was sie bewirken sollten.

Niemand kannte den Feind und niemand konnte sich oder andere schützen. Die ›neue Lebensform‹ hatte recht: Sie hatte bewiesen, dass sie Menschen töten konnte. Kein Politiker war zu retten gewesen, kein Industrieller; wer also sollte dann die Weltbevölkerung schützen?

Um zu beweisen, dass etwas getan wurde, trat hektische Betriebsamkeit ein. Zuerst wurden Rundfunk- und Fernsehdirektoren sowie deren erste Techniker verhaftet und verhört. Wie konnten sie eine derartige Übertragung billigen? Wieso konnte sie nicht verhindert werden? Sabotagevorwürfe wurden laut, Mittäterschaft unterstellt. Totalitäre

Regime handelten schnell: Nach drei Tagen gab es erste Hinrichtungen. In China standen sachliche Mitteilungen darüber in den Medien; in Teheran wurden die Leichen der gehenkten Beschuldigten an Kranlastwagen durch die Hauptstraßen gefahren.

Der erhoffte Jubel der Bevölkerung blieb aus.

Politiker wandten sich an Wissenschaftler. Riesige Geldsummen wurden in kürzester Zeit bewilligt, um Forschungsprojekte zu starten, die das Problem beseitigen sollten. Die Gelder wurden gerne genommen, dabei war nicht einmal klar, in welche Richtung die Forschung gehen sollte. *Unbekannte Lebensformen, auf der Erde*? Eine Lebensform, die mächtig war und die sich bisher verstecken konnte, wie wollte man so etwas entdecken? Falls es überhaupt eine neue Lebensform gab.

Militärs waren sich sicher, es gab sie nicht. Auch mit ihnen verhandelten die Politiker, auch ihnen wurden immense Beträge zugeschoben. Sie sollten den Feind zerschlagen. Den Generälen und Strategen war klar: Die Drohung war menschengemacht, mit Menschen würde man fertig werden. Man musste sie nur erst einmal finden.

* * *

Die Bevölkerung reagierte auf ihre Art – sehr unterschiedlich. Die Mitteilung im Fernsehen und in den Radios war eindeutig: Jeder einzelne Mensch sollte nur noch vier Wochen Zeit zu leben haben, in der er ›letzte Dinge‹ regeln konnte. Der 29. September wäre sein letzter Tag. Sein allerletzter Tag auf Erden.

Ein Teil der Menschen regierte mit Unglauben, sie glaubten den Drohungen nicht oder wollten sie nicht wahrhaben. Niemand kann es schaffen, die gesamte Menschheit mit Kohlenmonoxid ausrotten. Niemand kann so viel davon herstellen, das redeten sich diese Leute ein und klammerten sich an derartige Verlautbarungen wie an einen rettenden Strohhalm.

Aber Zigtausende waren schon an dem Gas gestorben und der Unglaube stand auf wackligen Beinen. Wenn die Leugner das bedachten, verfielen sie in Panik und versuchten dann, sich selbst zu beruhigen. Von ihren Gefühlen wurden sie hin und her gerissen.

Ein anderer Teil, ein Teil, der der Regierung grundsätzlich eher skeptisch gegenüberstand, schenkte der Drohung von vorneherein mehr Glauben als all den Beteuerungen der politischen Führer.

Wieder ein anderer Teil entwickelte einen unglaublichen Hass auf diese ›neue Lebensform‹, wie sie sich selbst bezeichnete. Die Wissenschaft muss doch herausfinden, wer diese neue Herrschaft ist, Militärs und Polizei müssen sie ausschalten, das dürfte doch nicht so schwer sein. In vier Wochen muss die ›neue Macht‹ aufgespürt und vernichtet werden. Aber wie? Außerdem: Es kann immer noch nur eine hohle Drohung sein.

Sehr viele Menschen hatten einfach Angst. Sie hielten es für möglich oder gar wahrscheinlich, dass es ihnen ein baldiges Ende droht. Wie sollten sie da gelassen bleiben und ›letzte Dinge‹ regeln? Depression breiteten sich aus.

Einige kluge Köpfe setzten auf Verhandeln: Sie setzten ebenfalls auf die Wissenschaft. Die muss herausfinden, wer diese ›neue Herrschaft‹ ist, dann muss man mit ihr verhandeln, Besserung geloben, jegliche Umweltbelastung sofort einstellen, kein Auto mehr fahren, weder Öl noch Gas verheizen. Das müsste sich doch machen lassen. Holz verbrennen als Wärmequelle, im Winter warm anziehen statt zu heizen. Keine Reisen mehr, nur noch zu Fuß oder wieder mit Pferd und Kutsche. Keinen Kunstdünger, keine Insektizide in der Landwirtschaft. Nur vegetarisch essen, damit die Rinder nicht die Atmosphäre mit Methan anreichern …

Einige wenige versuchten gleich, sich mit dem Urteil abzufinden. Sie gaben der ›neuen Macht‹ recht. Der Mensch hatte es nicht besser verdient. Sie regelten ihre letzten Dinge, sprachen sich aus, kamen miteinander ins Reine, verziehen, was noch verziehen werden konnte.

Auf wieder einer anderen Seite gab es Leute, die hofften, sie könnten dem fürchterlichen Urteil entgehen. Sie besorgten sich Sauerstoffflaschen, denn auch ohne klare Ansage des Tötungsmittels war klar, dass es Kohlenmonoxid sein würde. Sie waren der Ansicht, mit Sauerstoff könnten sie sich drüber hinwegretten. Es würde nicht ewig dauern können, dass zehn Milliarden Menschen CO eingeblasen wird.

Abwegig war der Gedanke nicht. Obwohl diese pfiffigen Menschen ihre Methode geheim halten wollten, gelang das nur kurze Zeit. Es setzte ein riesiger Sturm auf Sauerstoffflaschen ein und die Preise auf dem Schwarzmarkt stiegen ins Extreme. Es gab Mord und Totschlag wegen des Lebensgases. Tauchschulen wurden ausgeraubt, ebenso Krankenhäuser, wo in den Anästhesieabteilungen Sauerstoff für die Narkose gelagert wurde und das begehrte Gas für die Sauerstoffsonden bereit stand. Überfälle und Diebstähle gab es bei Metallwerkstätten, die Sauerstoffflaschen für das Autogenschweißen vorhielten und auf Sanitätsgeschäfte, die Sauerstoff für schwerst atemwegskranke Menschen lieferten. Auch Sauerstoffkonzentratoren für diese Patienten-Gruppe waren bald ausverkauft und wurden schnell unerschwinglich.

Viele Wohlhabende, die dem Todesurteil entgehen wollten, bereiteten U-Boot-Fahrten für sich vor. Andere Reiche machten sich über sie lustig, weil sie die ganze Drohung für einen Bluff hielten.

Wie könnte es in einer solchen Situation anders sein: Das Internet quoll über. Dort wurden Theorien und Verschwörungstheorien aufgestellt, sämtliche Meinungen wurden in alle Richtungen diskutiert, es wurde beschimpft und bedroht. Auswege wurden angeboten, mit mehr oder weniger überzeugenden Argumenten. Einige Influencer behaupteten, ganz sichere Möglichkeiten zu kennen, dem Unheil zu entkommen. Sie boten ihr Allheilmittel gegen Bezahlung an – und es wurde gezahlt.

Der greise Elon Musk bereitete sich und einige Leute, die ihm nahe standen, darauf vor, sich in den Weltraum schießen zu lassen. Nach der Rückkehr müsste sich das Kohlenmonoxid bereits verflüchtigt haben. Würden Musks Techniker seine Rakete starten, wenn sie nicht mit an Bord durften?

Die acht Kardinäle Deutschlands waren sich einig und gaben eine gemeinsame Erklärung heraus:

»Es war Gott, der da gesprochen hat, es ist Sein göttliches Urteil. Gott wird diesmal nicht die Sintflut schicken, Er wird mit Kohlenmonoxid bestrafen. Nur Er hat die Macht, das Gas in den nötigen Mengen bereitzustellen und nur Er kann es den Menschen gezielt einatmen lassen. Nur Er war in der Lage, die Konferenzteilnehmer in Nuuk und die Politiker zu bestrafen. Nur Er ist in der Lage, sämtliche Sicherheitsvorkehrungen zu umgehen. Nur Ihm war es möglich, die Todesstrafe weltweit, in allen Sprachen und auf allen Medien zu verkünden. Er wird kein Überleben zulassen, wenn Er es nicht will. Er lässt keine Arche Noah bauen.«

Der Rat vieler Priester war: Beten, beten, beten. Christen-, Juden-, Moslem-, Hindu- und Buddhistenführer, alle waren sich selten einig. Ihre Schäfchen sollten um Vergebung bitten – für die eigenen Sünden und besonders die Umweltsünden und Sie sollten um Gnade bitten. Vielleicht machte Gott bei den Allergläubigsten doch eine Ausnahme …

* * *

Aus theologischer Sicht mochte die Schlussfolgerung der Kardinäle ihre Berechtigung haben.

Wir, der *smarte* Breitwegerich, fühlten uns geehrt, göttliche Fähigkeiten zugesprochen bekommen zu haben.

Doch konnten wir uns sicher sein, nicht Werkzeug eines regulierenden Gottes zu sein?

Was wissen *wir* schon?

33 Umweltminister

Das hatten Schrötke und Oeckinghaus nicht verdient! Es war schon schwierig genug, an Umweltminister Robert Lehmann heranzukommen, und dann lachte er sie lauthals aus. Wie kleine, naive, unmündige Schuljungen hatte er sie behandelt.

»Der Breitwegerich – dass ich nicht lache«, hatte er sich mokiert und sofort losgeprustet. »Und nun raus hier, ich habe wahrlich Wichtiges zu tun. Wenn ich mir all den Mist persönlich anhören müsste, den man mir auftischen will, dann überlebe ich die Galgenfrist nicht einmal.« Wieder lachte er los und fuchtelte mit der Hand Richtung Tür, als wolle er lästige Mücken vertreiben.

Auf dem Weg zum Institut redeten die Risikoforscher kein Wort miteinander. Die Kränkung saß, und sie saß tief, hatten sie doch eindeutige Beweise, dass der Breitwegerich mutiert war. Die Gen-Schnelltests ließen keinen Zweifel, und die eigentliche Überraschung war, dass die ›Kartoffel‹ oder der ›Bovist‹ mit den Organen im Inneren ebenfalls in die Familie der Plantago-Gewächse gehörte.

Schrötke war es, der das Gespräch aufnahm. »Wir brauchen überzeugendere Beweise. Der Minister hat uns kaum zugehört und die Präparate hat er sich erst gar nicht angesehen. Das ist kein Wissenschaftler. In gewisser Weise kann ich sogar nachvollziehen, dass er unsere Ergebnisse als Hirngespinste abtut.«

»Ja, bloß wo setzen wir an? Einerseits soll geforscht werden auf Teufel-komm-raus. Es soll in alle Richtungen gedacht werden, man soll sich keine gedanklichen Schranken auferlegen. Und hat man einen originellen Verdacht, wird man ausgelacht. Es ist doch zum Davonlaufen. Ich weiß nicht, mit was wir dem Lehmann nochmals kommen könnten. Dabei war der Meeresbiologe, Naturfotograf und Umweltschützer, bevor er in die Politik ging. Was hat der nicht alles für Preise abgeräumt.«

»Eine Idee kam mir unterwegs. Gehen wir mal davon aus, dass der Breitwegerich CO produzieren kann, das ist ja nicht ganz abwegig. Er kann sowohl Sauerstoff als auch Kohlendioxid produzieren mit seinem Stoffwechsel, wieso also nicht auch Kohlenmonoxid? Dann muss er noch in der Lage sein, das Giftgas zu den Menschen zu schaffen, es irgendwie in ihre Nähe zu transportieren, damit sie es einatmen. Wie das gehen könnte – keine Ahnung. Doch denke ich mir, wenn auf Grönland so viel Kohlenmonoxid erzeugt wurde, vom Plantago erzeugt, dann muss er dort in Massen wachsen.«

»Und das soll niemandem aufgefallen sein?«, zweifelte der Chef.

»Der Breitwegerich ist unscheinbar. Der wird kaum beachtet.«

»Stimmt. Doch wie bekommen wir heraus, ob es in Grönland zu einer ungewöhnlichen Vermehrung der Wegerichgewächse gekommen ist?«

»Im Moment kann ich das nicht sagen. Ich war ja nicht dort. Gott sei Dank, war ich nicht dort. Sonst würde ich heute nicht hier sitzen, sehr wahrscheinlich. Die arme Elena Frischer. Sie glauben gar nicht, wie sauer ich war, dass sie mir vorgezogen wurde.«

Die beiden Wissenschaftler verfielen kurz in Schweigen.

»Ich kümmere mich drum«, versicherte Oeckinghaus nach einer Weile. »Ich lasse mal meine Insiderkontakte spielen. Auch auf Grönland wird es ein ähnliches Institut wie unseres geben.«

Der Chef ging in sein Büro. Es konnte gut sein, dass er damit Erfolg hatte, aber besser war es, zweigleisig zu fahren. Schrötke erinnerte sich an einen grönländischen Umweltaktivisten, dessen Beitrag auf der Umweltkonferenz ignoriert worden war. Er hatte die Anreise und Unterbringung auf Kreuzfahrtschiffen heftig kritisiert.

Den galt es ausfindig zu machen. DuckDuckGo half. Zunächst fand Schrötke den Namen: Jørgen Møller hieß er, genannt *Eqaluk*, der Freundliche. Wenig später hatte der Professor die Telefonnummer und kurz darauf hatte er Eqaluk am Apparat. Sie unterhielten sich auf Englisch. Anders als Minister Lehmann war er nicht sofort von Schrötkes Theorie abgeschreckt, sondern hörte aufmerksam zu. Breitwegerich kannte er nicht, nun war er auch kein Biologe. Auf Grönland wuchs nicht alles, was es sonst in der Flora auf der Welt gab. Er ließ sich ein paar Bilder schicken und war sich sicher, diese Pflanze würde er erkennen. Die war quasi unverwechselbar.

Schrötke und Eqaluk beendeten ihr Gespräch mit der Verabredung zu einem Telefonat am nächsten Morgen.

Und am nächsten Morgen war alles klar: Eqaluk hatte Massen an Breitwegerich in Nuuk entdeckt. Überall wuchs er, an den Rändern der Straßen, die oft unbefestigt waren, zwischen den Wohnblocks, die aufgelockert, mit viel Abstand nebeneinanderstanden, zwischen den Ein- und Zweifamilienhäusern, auf der großen Wiese vor dem ehemaligen Missionshaus der Herrnhuter. Auf Abraumhügeln und in den vielen Spalten zwischen großen Findlingen und neben Felsbrocken gedieh er. Eqaluk hatte sogar die Idee, einen Kollegen in Qaqortoq anzurufen, einer kleinen Hafenstadt ganz im Süden. An den grünen Hängen, die sich von der Hafenstraße aus gleich in die Höhe ziehen, auf denen im Sommer sogar reichlich Blumen wachsen, dort fand er in großen Mengen diese Pflanzen, die Eqaluk ihm beschrieben hatte. Es kam ihm so vor, als sei das mittlerweile die vorherrschende Pflanzenart.

* * *

Wir, der *smarte* Breitwegerich, hörten mit, auch ohne Abhörgeräte. Ich, Herodot Koslan, fertigte die Protokolle. Professor Schrötke und sein Vorgesetzter Oeckinghaus waren uns auf der Spur. Wurde es nötig, einzuschreiten?

Wir warteten ab.

34 Quänner

Déjà vu.

Fjodor stand auf dem Hügel im Udorsky Distrikt und schaute hinüber in den Hain. Vor ihm lag der kleine, namenlose See. Obwohl zwei Jahre verstrichen waren, kam es ihm vor wie gestern, dass er die grünen Männer in das Gebüsch am westlichen Ufer verschwinden sah. Nach der vierundzwanzigfachen Ankündigung der Todesstrafe war ihm klar geworden, dass seine Erinnerungen damals echt waren, keine Fieberträume. Auch seine Eltern waren schnell davon überzeugt. Die ›fremde Macht‹, das konnten nur diese Gestalten sein, die unauffällig und genügsam in den unendlichen Wäldern Komis hausten.

Diesmal standen Mutter Julia und Vater Alexei Malyschew neben ihm. Jeder von ihnen hatte ein Jagdgewehr bei sich. Der Gefahr eines Wolfsangriffs wollten sie sich nicht aussetzten, und sie wollten sich auch keinem Angriff der grünen Wesen aussetzen, wer immer sie sein mochten.

Fjodor deutete in die Richtung, in der er die Wesen entdeckt hatte. Die Familie begab sich zu dieser Stelle, gerade mal hundert Meter bergab. Der Sohn war ein guter Spurenleser, der Vater mit seiner lebenslangen Erfahrung sogar ein noch besserer. Es dauerte nicht lange, da fanden sie zahlreiche Hinweise darauf, dass sich hier scharenweise Lebewesen herumgetrieben hatten: Eindrücke im weichen Boden, abgebrochene Zweige … Im aufgeweichten Boden in Ufernähe entdeckte Julia die Spur von Fersen, die von Menschen stammen konnten. Kurz darauf fand sie einen ganzen Fußabdruck, den ein humanes Wesen hinterlassen haben musste. Ihr Mann und ihr Sohn, die herbeieilten, bestätigten den Verdacht. Fjodor zog seinen rechten Schuh und den Socken aus und stampfte kräftig neben den Fund.

Es war mit bloßem Auge kein Unterschied zwischen den beiden Abdrücken zu erkennen.

Nach einigen Fotoaufnahmen erweiterten die Malyschews ihren Radius und fanden bald eine Feuerstelle, dann sogar mehrere. Überall waren die Spuren, doch nirgends Reste irgendwelchen Kulturguts – kein Abfall, kein Verpackungsmaterial, keine Getränkeflaschen, keine Essensreste oder abgenagte Knochen.

In einer Kuhle lag etwas, das wie die Losung eines Tieres aussah, die Farbe grünlich-bräunlich, der Geruch nicht unangenehm. Es erinnerte am ehesten an die Ausscheidungen von Schwänen, nicht an die von Säugetieren. Jedenfalls konnten weder Alexei noch Fjodor die Exkremente einem Tier zuordnen, das ihnen bekannt war; obwohl es wohl in ganz Komi keine Art gab, die sie nicht kannten, einschließlich des Aussehens und des Geruchs ihrer Ausscheidungen.

Julia fand etwas, das auf eine intelligente Tätigkeit hindeutete. Es war eine Matte, knapp einen Quadratmeter groß, die kunstvoll aus kleinen Zweigen und Gräsern geflochten war. Es kam ihr so vor, als hätte hier jemand Weben oder Flechten geübt.

Die Verursacher dieser Hinweise blieben unentdeckt. Entweder waren sie schon vor längerer Zeit weggezogen oder sie hatten den kleinen Trupp kommen sehen und sich zurückgezogen.

Die Familie machte weitere Fotos und marschierte die zwanzig Kilometer in westliche Richtung zurück zu ihrem Auto, mit dem sie so nah wie möglich an das Zielgebiet herangefahren waren. Zum Glück hatte sich Fjodor damals die Koordinaten notiert, so dass sie es ohne Schwierigkeiten wiederfinden konnten.

Zurück in Koslan suchten alle drei Bürgermeister Smirnow auf, der sich ihre Geschichte geduldig anhörte. Noch vor einer Woche hätte er den Kopf geschüttelt über ein derartiges Schauermärchen, aber jetzt witterte er die Möglichkeit, vielleicht an etwas Großartigem beteiligt zu sein. Das Geflecht, das Julia als Beweis mitgebracht hatte, war nicht ausschlaggebend. Es unterstrich jedoch die Tatsache, dass in dem unbewohnten Gebiet unbekannte Aktivitäten stattgefunden hatten.

Nun ging alles ganz schnell. Gospodin Smirnow telefonierte die Reihe seiner Vorgesetzten durch, und denen erging es ganz ähnlich. Alle witterten eine Sensation.

Am nächsten Morgen landete ein Regierungshubschrauber in Koslan, wohl zum ersten Mal seit seinem Bestehen. Familie Malyschew und der Bürgermeister wurden in den Helikopter eingeladen. Drinnen warteten eine Crew aus Wissenschaftlern und Forstwirten sowie fünf Spürhunde.

Eine Stunde später stand Fjodor zum dritten Mal auf ›seinem‹ Hügel, wo es mehrere unbewaldete Stellen gab, sodass der Hubschrauber problemlos aufsetzen konnte. Nochmals ging es in den nahen Hain. Familie Malyschew führte den Trupp zu all den Stellen, wo sie fündig geworden waren.

Die Wissenschaftler machten Fotos, nahmen Proben mit und die fraglichen Exkremente wurden komplett in Probentüten verpackt. Die Spürhunde mussten alles erschnüffeln.

Russische Behörden können schnell sein, wenn es darauf ankommt. Sie genehmigten nicht nur unmittelbar die erforderlichen Untersuchungen, sondern beschleunigten sie sogar. Mittels einfacher Tests, die mit den Spürhunden angestellt wurden, erwies sich eindeutig, dass die Spuren von Lebewesen verursacht worden waren, die nicht tierischen, sondern pflanzlichen Ursprungs waren. Die Hunde schlugen am meisten an, wenn sie die Fundsachen mit Breitwegerichpflanzen vergleichen sollten.

Breitwegerich, ausgerechnet Breitwegerich. Niemand konnte sich einen Reim darauf machen. Es war unmöglich, dass sich eine so primitive Pflanze zu einem beweglichen und intelligenten Lebewesen entwickeln konnte. Der Kot enthielt Bestandteile von diversen Pflanzen, keinerlei Überreste von tierischen Lebensmitteln. Das war eine Tatsache, die zur Kenntnis genommen wurde, ohne dass daraus weitere Schlüsse zu ziehen waren – außer dass der Feind Vegetarier war. Es bedeutete keineswegs, dass die Ausscheidungen von Pflanzen stammten, im Gegenteil, eine Pflanze hinterlässt normalerweise keinen Kot.

Keine Zeit war zu verlieren. Innerhalb weniger Tage wurden riesige Gebiete in Russland abgesucht. Eine wichtige Rolle spielten die Spürhunde, die auf die Funde trainiert wurden. Dann suchte man, zunächst wenig systematisch, Stellen auf, in denen man die Fremdlinge vermuten konnte, und bald stellte sich heraus: Sie hatten sich in der Umgebung beinahe aller russischen Großstädte herumgetrieben. Sie selbst waren allerdings unauffindbar. Sogar in Kadyktschan wurden ihre Aktivitäten entdeckt, hier eigentlich nur durch Zufall, aber hier war ihr Wirken besonders augenfällig. Die Breitwegerich-Wesen hatten es offenbar geschafft, uralte Geräte und Fahrzeuge wieder in Gang zu setzen.

Das alles war unfassbar, es war wie ein böser Traum. Doch es war die Realität.

Und damit wurde der Weg zu einer Lösung sichtbar.

* * *

Die Russen waren uns auf der Spur, sie hatten die Aktivitäten der Quänner entdeckt. Die Quänner selbst konnten sich verbergen, gewarnt durch die wurzelnden Mitstreiter, unserem Magen-Augen-Modell mit den Wurzelfüßen, dem *Mittler-Breitwegerich*. Sollten wir, der *smarte* Breitwegerich, einschreiten?

Wir warteten ab.

35 Flämmen

Es war ein klarer Trumpf für Professor Schrötke und seinen Chef Oeckinghaus, mit den neuen Informationen aus Nuuk konnten sie ihre Thesen erhärten. Doch die Behörden konnten stur sein und es war nicht sicher, ob sie überhaupt nochmals bei Umweltminister Lehmann vorsprechen durften. Bevor sie einen zweiten Versuch unternahmen, wollte Schrötke etwas anderes ausprobieren. Er besprach sich mit seinem Chef, fuhr ins Bauhaus und kaufte ein Gloria Thermoflamm-Gerät. Mit diesem Gasbrenner kann man so genanntes Unkraut mit einer 1000-Grad-Flamme versengen. Dazu kamen eine Campinggasflasche mit 11 kg Propan und ein Transportwagen.

Schrötke machte sich auf den Weg zu den Wiesen in den Pfuhlen, den Brenner geschultert, das Propan zog er auf dem Wägelchen hinter sich her. Er wollte wissen, was passiert, wenn er den Breitwegerich abbrennt.

Bald hatte er eine geeignete Versuchsstelle gefunden, an der der Breitwegerich üppigst wuchs. Die Ähren reichten ihm bis in die Mitte seiner Oberschenkel, so große Exemplare hatte der Biologe noch nie gesehen. Er stellte den Wagen ab, schraubte den Schlauch an das Ventil und drehte es nach Gebrauchsanleitung um eine Vierteldrehung auf. Er hörte das Gas strömen und musste es nur noch am Brenner entzünden. Er griff in seine Hosentasche und förderte den elektrischen Anzünder zutage.

Dann wurde ihm schwindelig, und er sank bewusstlos zusammen.

* * *

Wir, der *smarte* Breitwegerich, können nicht nur Kohlen-monoxid herstellen. Menschliche Anästhesisten benutzen Lachgas, chemisch N_2O, für ihre Narkosen und vor allem Jugendliche atmen es als Droge ein und erzeugen damit Entspannung und Euphorie.

> Beide Bestandteile des Moleküls, Stick- und Sauerstoff, sind in der Atmosphäre vorhanden. Wir spalten das Sauerstoff-Molekül O_2 auf und verbinden je ein Atom Sauerstoff mit N_2, einem Molekül Stickstoff.

So haben wir, ohne jegliche chemische Apparatur, mit Hilfe unserer Antigonen, Lachgas geschaffen.

* * *

Drei Minuten später erwachte Schrötke wie aus dem Schlaf und fand sich auf dem Boden in den Mariendorfer Pfuhlen wieder.

»Ist ihnen nicht gut? Soll ich einen Krankenwagen rufen?«, hörte er eine Stimme wie aus weiter Ferne. Der Professor schaute sich um, schüttelte sich und meinte:

»Nein, alles okay. Weiß auch nicht, war wohl ein Schwächeanfall.«

»Was machen Sie da eigentlich? Dürfen Sie hier mit einem Flammenwerfer herumhantieren?«

»Muss ich sogar. Ich komme vom Institut für Risikobewertung. Das ist ein Forschungsauftrag. Aber keine Angst, ich werde nicht die ganze Wiese abbrennen.«

Schrötke hätte es nicht gemusst, aber er kramte seinen Dienstausweis hervor. Er wollte den Mann loswerden, der ließ sich jedoch nicht abschütteln. »Ich denke, es ist besser, ich hole die Feuerwehr. Sonst mache ich mir noch Vorwürfe, wenn Ihnen hier was passiert. Vielleicht hatten Sie ja einen Herzinfarkt.«

»Ich bin kerngesund«, versicherte Schrötke. Er merkte, wie beharrlich der Mann war. »Aber wissen Sie was, bleiben Sie einfach hier. Ich mache einen neuen Versuch. Ich will den Breitwegerich abflämmen. Ich habe nämlich einen Verdacht und fürchte, der beobachtet mich und wehrt sich. Der wehrt sich, indem er mich betäubt.«

»Sie sind ja nicht nur leichtsinnig«, konstatierte der Fremde, »Sie sind auch noch verrückt. Aber anscheinend drehen ja alle gerade irgendwie durch.«

»Okay, ich konnte das alles zuerst auch nicht glauben. Machen wir es so: Ich versuche, die Pflanzen abzuflämmen und Sie passen auf. Wenn ich zusammensinke, fangen Sie mich auf.«

»Auf Ihre Verantwortung. Oder soll ich die Irren-Ambulanz bestellen?«

Jetzt lachten beide. Schrötke hielt den Brenner von sich weg, drehte das Gas auf und näherte sich der Austrittsstelle mit dem Anzünder.

Bevor er den Knopf drücken konnte, taumelte er, wurde bewusstlos und kam ein paar Minuten später wieder zu sich. Der Spaziergänger hielt schützend seinen Kopf in den Händen. »Das ist ja wirklich sehr merkwürdig«, stellte er fest.

Schrötke und der Fremde wiederholten den Zündversuch noch dreimal, immer mit dem gleichen Ergebnis. Der Professor kam nicht dazu, die Flamme zu zünden.

»Vielleicht sollte ich es mal probieren«, schlug der Mann vor. »Heinzle, übrigens, mein Name.«

»Schrötke«, stellte sich der Professor vor. »Aber das wissen Sie ja schon. Hatte ihnen ja meinen Dienstausweis gezeigt.« Nach kurzem Überlegen lehnte er Heinzles Vorschlag ab. »Das kann ich nicht zulassen. Wer weiß, was Ihnen blüht. Ich habe den Auftrag, ich bin über das Institut versichert. Wenn Ihnen etwas passiert, mache ich mich schuldig.«

»Mann – ich bin volljährig und geimpft«, lachte Heinzle. »Ich kann doch selbst entscheiden, auf was ich mich da einlasse. In vier Wochen ist ja eh alles vorbei, nicht mal vier Wochen. Also, gib her das Teil.«

Widerstrebend reichte ihm Schrötke den Brenner und gab ihm den Anzünder. Vorsichtshalber stellte er sich hinter Heinzle. Der streckte seine Hand mit dem Zünder nach vorne in Richtung Brenner – und sank zusammen. Der Professor hielt ihn fest und ließ ihn sanft zu Boden gleiten.

Wenige Minuten später war Heinzle wieder wach, etwas verdattert zunächst.

»Sie meinen tatsächlich, der Breitwegerich beobachtet uns?«, fragte er.

Professor Schrötke nickte.

»Und Sie meinen, der wehrt sich gegen uns?«

»Sieht mir ganz danach aus«, stimmte Schrötke zu.

Heinzle atmete dreimal tief durch. »Und sie meinen, der Breitwegerich ist die fremde Macht, die uns zum Tode verurteilt hat?«

»Vieles spricht dafür«, bestätigte der Professor.

Es entstand eine nachdenkliche Pause.

»Und wer weiß davon?« wollte Heinzle wissen.

»Nicht viele. Mein Chef, meine Frau und ich. Und Sie jetzt. Der Umweltminister wollte nichts davon wissen.«

»Das darf doch nicht wahr sein. Nur wenn man den Feind kennt, kann man sich gegen ihn wehren.«

Schrötke erklärte seinem Zufallsbekannten, dass er das genau so sehe, aber jetzt habe er einen neuen Hinweis auf die Fähigkeiten des Breitwegerichs. Einen anderen Hinweis hatten sie aus Grönland erhalten. Dort, wo er zuvor ein Schattendasein geführt hatte, hat sich diese Pflanze ebenfalls sprunghaft vermehrt. Möglicherweise handelte es sich ursprünglich um eine Kreuzung zwischen dem Mariendorfer und dem Filzmooser Breitwegerich. Den habe er, Schrötke, selbst vor sieben Jahren als Mitbringsel aus Österreich eingeführt.

»Also, entschuldigen Sie, wenn ich etwas auf dem Schlauch stehe«, stammelte Heinzle verwirrt. »Es ist also so: Sie haben eine harmlose Pflanze aus den Alpen: mit hierher gebracht?«

»So ist es«, bestätigte Schrötke. »Sie schien mir auffällig groß, kräftig und vital.«

»Und dann haben Sie die mit dem Heimischen Breitwegerich gekreuzt?«

»Nein, so war es nicht«, widersprach der Biologe. »Ich habe sie gezüchtet, auch ausgewildert. Es war ja nichts zu befürchten. Die Kreuzung muss auf ganz natürliche Weise entstanden sein, durch Pollenflug.«

»Und die Kreuzung hat sich dann zu einem intelligenten Wesen entwickelt, das den Menschen ausrotten will?« Heinzle war anzumerken, dass ihm sein eigener Gedanke heftig Unbehagen bereitete.

Der Professor war beeindruckt von der Kombinationsgabe seines neuen Bekannten und bestätigte seinen Gedankenschluss.

Er ließ sich von Heinzle Adresse und Telefonnummer geben. »Das ist ja bei mir um die Ecke«, meinte er, »wir wohnen keine fünfhundert Meter auseinander.« Er versicherte ihm, er wolle nochmals im Ministerium vorsprechen. Es wäre gut, wenn er ihn notfalls als Zeugen benennen könnte.

Die Männer verabschiedeten sich. In beiden keimte etwas Hoffnung auf. Mit dem neuen Wissen ließ sich vielleicht ein Ausweg finden.

* * *

Wir, der *smarte* Breitwegerich, mussten zugeben, dass wir enttarnt worden waren – in Russland hatte man die Quänner entdeckt, in Deutschland den Plantago militaris. Wir mussten uns eingestehen, dass wir selbst mit einer Wahrscheinlichkeit von neunzig zu zehn Prozent nicht in der Lage gewesen wären, dies dem Menschen gleichzutun.

Statt Lachgas hätten wir bei Schrötke und Heinzle auch Kohlenmonoxid nehmen können, aber wir hatten andere Pläne.

36 Overkill

Jahrzehntelang hatte diplomatische Eiszeit geherrscht zwischen Russland und den Vereinigten Staaten, besonders nach dem verhängnisvollen Überfall Putins auf die Ukraine. Diese Eiszeit war schlagartig beendet, als über die Wissenschaft Kontakte zur Politik geknüpft wurden. Im Gegensatz zur politischen Ebene war die Verbindung unter Wissenschaftlern nie ganz zum Erliegen gekommen. Besonders zwischen den Raumfahrern, die auf der ISS gearbeitet hatten, hielten sich gefestigte Freundschaften, und diese hatten jeweils Netzwerke in ihrer wissenschaftlichen Community.

Wie über Knotenpunkte des Internets sprangen die Kontakte von östlichen Politikern über Biologen zu den Astronauten und auf der anderen Seite über Biologen und Ökologen zu den westlichen Politikern. Es dauerte keine zweiundsiebzig Stunden bis Militärs der russischen, der amerikanischen Streitkräfte und der Nato mit ihren eigenen Befehlsstrukturen an einem runden Tisch in Moskau saßen. Doch nicht nur sie, auch Vertreter der Volksbefreiungsarmee Chinas und der Streitkräfte Indiens wurden mit ins Boot geholt. Die geballte Militärmacht verfügte über vierzehn Millionen Soldaten und Reservisten.

Der russische *Minister für militärische Spezialoperationen* erklärte den Sachverhalt. Die Beweise waren eindeutig und einleuchtend. Die ›fremde Macht‹ waren Breitwegerich-Wesen, die sich in der Umgebung einiger russischer Großstädte breitgemacht hatten.

Die Militärs arbeiteten sofort zusammen. Die Lösung des Problems konnte nur militärisch gelingen: Breitflächige Bombardierung der erkannten Gebiete mit taktischen Atomwaffen. Selbstverständlich würden die Großstädte, würde die Zivilbevölkerung etwas abbekommen, aber diese Kollateralschäden von paar Millionen musste man selbstverständlich in Kauf nehmen zur Rettung vieler Milliarden. Dem Breitwegerich würde man den Garaus machen. Während er in Russland ausgerottet würde, sollten sich der Westen, China, Indien und Afrika nach Nestern auf ihren Kontinenten umsehen. Denen würde das gleiche Schicksal drohen.

Innerhalb einer Woche wurden die Bomben klargemacht und die Kampfjets in Stellung gebracht. Zweihundert Piloten bekamen ihren Einsatzbefehl, sie hatten klar definierte Bereiche anzufliegen, die Kerngebiete der Plantagowesen. Man würde nicht alle vernichten, doch ihre Anzahl gewaltig dezimieren können und der Rest wäre wohl nicht mehr zu Giftgas-Anschlägen in der Lage. Das war die große Hoffnung.

Die Vorbereitungen waren in höchster Geheimhaltungsstufe getroffen worden. Die Bevölkerung sollte nicht noch weiter beunruhigt werden, als sie es ohnehin war. Zudem konnte auf keinen Fall offen kommuniziert werden, dass es unzählige Opfer an ›Kollateralschäden‹ geben würde. Denn für eine Evakuierung reichte die Zeit nicht mehr aus.

Die Piloten öffneten die Einstiegshauben ihrer Bomber und stiegen ein. Die Flugleitung funkte das Signal für den Start. Die Jets rührten sich nicht, sie bewegten sich keinen Zentimeter. Die Piloten meldeten sich nicht und reagierten auf keinen Funkspruch. Die Leitung war wie tot, aber es war nicht die Leitung, die tot war, es waren die Piloten.

Die Ursache war viel schneller klar als bei der Abschlusskundgebung der Weltklimakonferenz in Nuuk. Und sehr schnell stellte sich heraus, dass sämtliche Mitglieder der Befehlskette für die taktischen Atomschläge ebenfalls umgekommen waren, bis hinauf zu den leitenden Generälen.

Bei den hektischen Beratungen mussten sich russische, amerikanische, indische und chinesische Militärexperten eingestehen, dass sie mit ihrem Vorhaben gescheitert waren.

Die Wegerich-Wesen hatten Abhörkanäle, die man kaum für möglich halten konnte und waren in der Lage, Kohlenstoffmonoxid gezielt in die Umgebung, genauer in die Atemluft ihrer Gegner zu transportieren. Auf welche Art das geschah, blieb ein Rätsel. Vielleicht blieb Zeit genug, auch dieses Geheimnis der Plantagisten zu lüften. Immerhin war man einen Riesenschritt bei ihrer Identifizierung weitergekommen und ihre Gegenwehr zeigte, dass man richtig lag.

›Plantagisten‹ war die neue Bezeichnung für die Breitwegerich-Terroristen, die sich unter Fachleuten schnell einbürgerte.

Die verbleibenden Militärs gaben nicht auf. Da sie sich sicher sein konnten, dass ihre Pläne ausgekundschaftet wurden, machten sie kein Geheimnis mehr aus ihrem Vorhaben, das international in kürzester Zeit beschlossen wurde:

Sämtliche Atombombenvorräte der Welt werden scharf gemacht. Es ergeht ein halbstündiger Impuls zur Zündung an alle Bomben. Dieser Impuls wird jeweils von einer Ingenieursmannschaft eine Minute vor der Zündung abgeschaltet. Wenn also alle Menschen am letzten Augustsonntag getötet werden, dann fliegt spätestens eine halbe Stunde später die Erde in die Luft. Es kommt zu einem fünffachen Overkill und der Breitwegerich wird nichts von seiner neuen Herrschaft haben.

* * *

In einem Punkt hatten die Militärs recht: Ihre Absicht blieb uns, dem *smarten* Breitwegerich, nicht verborgen.

In zwei Punkten hatten die Militärs unrecht: Erstens war es nicht der Plantago errectus, der das Kohlenstoffmonoxid erzeugte, sondern der Plantago militaris. Von diesem hatten sie keine Ahnung.

Und zweitens war die Androhung des Overkills sinnlos, denn genau wie bei der Sendung unseres Todesurteils war es uns möglich, die elektronischen Systeme in unserem Sinn zu beeinflussen. Die automatisierte Zündung würde abgestellt, den überwachenden Ingenieuren aber vorgegaukelt, dass sie noch funktionierte.

Zur Sicherheit war unser Plantago militaris gerade dabei, das radioaktive Uran der Bomben in harmloses Blei zu verwandeln.

Die Tötung der Bomberpiloten und aller Mitglieder der Befehlskette zum Abwurf der Atombomben war eine vorgezogene Ausführung unserer Strafaktion. Diese Menschen hatten ihre Frist nicht für die Regelung ihrer ›letzten Dinge‹ genutzt, sondern für eine kriegerische Handlung unseren Quännern gegenüber. Dabei wären uns, dem *smarten* Breitwegerich, die ›Kollateralschäden‹, die sie an ihren Mitmenschen in Kauf genommen hätten, gleichgültig geblieben. Doch konnten wir die Schäden der Natur gegenüber, die wesentlich umfangreicher gewesen wären, nicht tolerieren. Im Fall dieses Angriffs schien uns CO angebrachter als N_2O. Hier reichte keine Narkose, hier war die letale Strafe erforderlich. Diese bewies den Verantwortlichen einmal mehr unsere eindeutige Überlegenheit. Welche Schlüsse sie ziehen mochten, blieb ihnen selbst überlassen.

Wenn die Overkill-Drohung ihre einzige Idee war, zeigte sie eher die geistige Beschränktheit der ehemals führenden Lebewesen auf dem Planeten Erde.

37 Verhandlung

Oeckinghaus griff zum Hörer und wollte gerade die Nummer des Umweltministeriums eintippen. Er war nicht gewillt, sich vom Vorzimmer Minister Robert Marc Lehmanns abwimmeln zu lassen. Schrötke hatte gute Arbeit geleistet, er selbst aber auch. Er hatte einen Kollegen auf Grönland erreicht, dieser hatte ihn sofort an den zuständigen Minister weitergeleitet, der bereits von Eqaluk eingängig informiert worden war. Auf Grönland sind die Wege kürzer. Die Hinweise über die Breitwegerich-Verbreitung auf dieser Insel und die wiederholten Ohnmachtsanfälle beim Versuch, die Pflanze auszurotten, waren schlagende Beweise: Der Plantago war die ›neue Macht‹.

Bevor Oeckinghaus den Hörer abnehmen konnte, schrillte der Apparat.

»Oeckinghaus, Institut für Risikobewertung«, meldete sich der Leiter.

»Ich weiß, ich weiß«, kam es vom anderen Ende der Leitung. Der Sprecher brauchte sich nicht vorzustellen, und er tat es auch nicht. Es war der Umweltminister. »Kommen sie sofort in mein Büro«, schnarrte es aus dem Lautsprecher und kurz darauf etwas milder: »Entschuldigung, ich bin etwas aufgeregt. Ich möchte nicht unhöflich sein, aber ich bitte Sie dringend, finden Sie sich in einer halben Stunde in meinem Büro ein. Und bringen Sie Ihren Professor mit.«

»So kann's kommen«, meinte Schrötke auf dem Weg ins Ministerium. »Erst schmeißt er uns raus, jetzt sind wir ihm auf einmal furchtbar wichtig.«

Im Büro hatte die Sekretärin kaum einen Kaffee vor die Besucher gestellt, da kam Lehmann hektisch hereingestürmt. Er schritt auf die Männer zu, schüttelte ihnen überschwänglich die Hände und sagte: »Glückwunsch, meine Herren, ganz großen Glückwunsch. Jetzt haben wir die echte Aussicht, dass das Unglück noch abgewendet werden kann.«

Er wurde etwas ruhiger und fuhrt fort: »Aber erst einmal muss ich mich aufrichtig bei Ihnen entschuldigen. Ich schäme mich wirklich für mein Verhalten vor vier Tagen. Das soll jetzt keine Rechtfertigung sein, ich hätte Ihnen einfach besser zuhören sollen. Aber Ihre Idee kam mir derart unrealistisch vor, kindisch, sozusagen, ich dachte ehrlich, Sie wollten mir einen Bären aufbinden.«

»Hm«, brummte Oeckinghaus, »ist verständlich. Ähnlich ist es mir ja auch gegangen, als Schrötke mit seinen Präparaten und seiner Vermutung ankam. Doch sind wir beide Biologen. Er hatte mich bald überzeugt. Also, von meiner Seite – Entschuldig angenommen.« Professor Schrötke pflichtete ihm bei.

»Als dann heute Morgen mein grönländischer Kollege anrief und sich erkundigte, wie weit wir mit unserer Plantago-Forschung seien, da musste ich erst einmal schlucken.« Lehmann führte aus, dass er zum Glück schnell schaltete. Obwohl er die Idee als abwegig abgetan hatte, musste sie doch im Inneren einen tieferen Eindruck hinterlassen haben. Zum Glück konnte er mit nur kurzer Verzögerung antworten, dass alle Untersuchungen erst am Anfang stünden. Der Groschen war gefallen, dass die Leute von der Risikobewertung richtig liegen konnten. Er versprach dem Kollegen, sich sofort zu melden, sobald erste Ergebnisse oder Hinweise vorlägen.

Lehmann war wie gewandelt und hörte aufmerksam zu. Die Vermehrung der Pflanze in Nuuk, wo sie bislang ein Schattendasein geführt hatte und die Unmöglichkeit, ihr mittels Brenner zu Leibe zu rücken, überzeugten ihn.

»Was meinen Sie denn, wieso sie ohnmächtig geworden sind?«, wollte der Minister wissen.

»Das kann ich nicht genau sagen«, meinte Schrötke. »Doch ich denke, der Plantago kann Gase konzentrieren oder gar herstellen. Bei Kohlenmonoxid können wir uns da ziemlich sicher sein. Ich könnte mir vorstellen, dass es bei mir und dem Herrn Heinzle Lachgas war. Das ist ein recht einfaches Molekül und wird bei Operationen als Narkosegas benutzt. Man ist auch schnell wieder wach, wenn es nicht mehr zugeführt wird.«

Lehmann wollte wissen, wer *Heinzle* sei. Schrötke schilderte die Begegnung mit diesem hilfsbereiten Mann, der es sich nicht einmal nehmen ließ, den Flämmer selbst in die Hand zu nehmen und ebenfalls ohnmächtig wurde.

»Hm, der weiß also Bescheid. Ich bin mir nicht sicher, ob das gut ist. Ich werde einen Mitarbeiter hinschicken und ihn eine Verschwiegenheitserklärung unterschreiben lassen. Sie haben ja seine Adresse.« Schrötke schrieb sie ihm aus dem Gedächtnis auf. Als Nachbar sah er Heinzles Wohnhaus bildlich vor sich.

»Der Breitwegerich ist also in der Lage, jeden von uns überall zu beobachten«, fasste der Minister zusammen. »Und noch dazu ist er in der Lage, jedem von uns jedes beliebige Gas in die Atemluft zu mischen.«

»Klingt grotesk«, antwortete Oeckinghaus, »aber alles spricht dafür. Und es erklärt auch alles. Nur das ›Wie‹, das ist noch lange nicht geklärt.

»Und das finden Sie heraus, meine Herren«, forderte Lehman auf. »Sie erhalten dazu sämtliche Befugnisse. Und sie erhalten sämtliche Mittel, die sie brauchen.« Damit verabschiedete er sich von den Biologen.

»Aber beeilen Sie sich«, forderte er sie zum Schluss auf. »Sie müssen einen Weg finden, den Breitwegerich aufzuhalten.«

* * *

»Was tun?‹, sprach Zeus«, fragte sich Heinrich Oeckinghaus als er und sein Mitarbeiter zurück im Institut waren. »Nun haben wir alle Mittel und alle Möglichkeiten. Das einzige, was wir nicht haben, ist allzu viel Zeit. Wir müssen uns beeilen. Da hat Lehmann vollkommen recht.«

»Den Breitwegerich auszurotten halte ich für illusorisch«, überlegte Schrötke. »Der ist uns in allen Punkten voraus. Wie ich das sehe, bleibt nur Verhandeln.«

»Gut, verhandeln. Was haben wir zu bieten?«, fragte sich der Chef. »Wir haben die Natur überstrapaziert. Der Erdüberlastungstag wird jedes Jahr früher erreicht. 1970 hat der Mensch noch genau das in einem Jahr verbraucht, was die Erde zur Verfügung stellt. Im Jahr 2000 war bereits Ende September alles aufgebraucht. Seither leben wir auf Pump. Mittlerweile liegen wir bei Ende Juni. Das heißt, der Mensch bräuchte genau zwei Erden, wenn er so weitermacht wie bisher. Aber wem sag' ich das?«

»Kann es reichen, wenn wir versprechen, wir hören damit auf?«

»Erst mal die Frage, wie wollten wir den Breitwegerich erreichen?«, überlegte Oeckinghaus.

»Wir brauchen ihn wahrscheinlich gar nicht zu erreichen.« In diesem Punkt war sich Schrötke ziemlich sicher. »Alles, was wir reden, schreiben, senden, bekommt er offenbar mit. Ich will nicht zu weit gehen. Aber ich kann mir mittlerweile vorstellen, dass er sogar unsere Gedanken mitliest.«

Oeckinghaus schlug vor: »Wie dem auch sei, es ist spät geworden. Wir grübeln am besten jeder für sich in seinem stillen Kämmerlein nach. Für heute machen wir Schluss und morgen sehen wir weiter.« Er begann, seine Sachen zusammenzupacken.

38 Anschlag

Schrötke trat in die Pedale, gedankenverloren. Den Weg kannte er in- und auswendig, er erforderte nur geringe Aufmerksamkeit. Das letzte Stück durch die Pfuhle war ihm so vertraut, dass er manchmal schon überlegt hatte, ob er es nicht mit geschlossenen Augen ganz durchradeln könnte. Er machte sich einen Sport daraus: Ab der Infotafel nach dem Schrebergarten schloss er die Augen und radelte weiter, natürlich nur, wenn ihm niemand entgegenkam. Mit einiger Übung schaffte er blind fünfzig Meter, vorbei an Büschen und Brombeersträuchern. Sein Ehrgeiz war es, die Strecke zu verdoppeln. Allerdings musste er vor sich selbst zugeben, dass dieser Abschnitt recht leicht war. Er folgte nämlich einer Spur, die von Spaziergängern in die Wiese eingetreten wurde, wo sie die Erde verdichtet hatten. In dieser Rinne wuchs nichts mehr, aber die Grasnarbe bildete links und rechts einen Rand von etwa fünf Zentimetern Höhe. Dazwischen konnte er fahren wie in einer Schiene. Kam er von seiner Richtung ab, spürte das über das Vorderrad in seinem Lenker und konnte gegensteuern.

Diesmal kam er nicht über die fünfzig Meter hinaus. Ein brutaler Stoß brachte ihn zu Fall, er stürzte zu Boden und machte zwei Umdrehungen auf der Wiese. Kurz dachte er, er sei gegen ein Hindernis geprallt. Doch hatte er den Gedanken nicht einmal zu Ende gedacht, da droschen vier oder fünf vermummte Männer mit Baseballschlägern auf ihn ein. Sie traten ihm in Bauch, Rücken und gegen den Kopf. Es waren weniger die Schmerzen, die Schrötke zu schaffen machten, sie drangen in dem ganzen Stress nicht zu ihm durch. Es war das Gefühl, dass gleich seine Sinne schwinden würden. Dann konnten die Angreifer mit ihm machen, was sie wollten. Dass sie ihn umbringen wollten, daraus machten sie keinen Hehl.

»Schrötke, du dumme Sau“, schrien sie.
»Dir haben wir das alles zu verdanken.«
»Dich machen wir fertig.«
»Wegen dir müssen wir alle dran glauben.«
»Aber du bist zuerst dran.«
»Du hast nichts mehr von der Galgenfrist. Die ist für dich vorbei.«
»Du hast nichts mehr von den zwei Wochen, die uns noch bleiben.«
»Das ist ja ein Witz. Jetzt sollst du uns auch noch retten.«
»Da macht man wieder mal den Bock zum Gärtner.«

Immer und immer wieder trafen Schrötke Tritte und Schläge.

* * *

Im Krankenhaus wachte der Professor auf. Seine Frau Marga und Tochter Saskia saßen am Bett. Als er die Augen öffnete, beugte sich Marga über ihn und küsste seine Stirn.

Es liefen zwei Infusionen, Schrötke hatte einige Verbände. Er war für einige Tage ins künstliche Koma gelegt worden, denn er hatte ein mittelschweres Schädel-Hirn-Trauma. Schmerzen hatte er nicht, es liefen ausreichend Anästhetika in seine Venen. Auch einen Gedächtnisausfall hatte er nicht, er konnte sich genau an die Angreifer und ihre Brutalität erinnern. Das letzte Bild, das in ihm auftauchte, war der Moment, in dem die Männer ganz plötzlich von ihm abließen und wortlos zusammensanken. Während ihm die Sinne schwanden, schien ihnen das Gleiche zu passieren.

Eine Spaziergängerin hatte den Verletzten wenig später gefunden. Sie war von einem ›normalen‹ Fahrradsturz ausgegangen und hatte die Feuerwehr verständigt. Von den Angreifern war keine Spur mehr zu sehen.

Saskia drückte ihre Wange an die ihres Vaters. »Was machst du nur für Sachen. Hatten wir eine Angst um dich!«, strahlte sie.

»Was meinst du mit ›Sachen machen‹?«

»Na mit dem Heinzle. Alles stand in der Morgenpost. Dein Bekannter kennt dort einen Reporter. Dem hat er erzählt, dass du den Breitwegerich eingeschleppt hast. Und dass der jetzt Giftgas und Narkosegas produziert. Und dass der es ist, der uns alle umbringen will«, erklärte die Tochter. »In der ›BZ aktuell‹ stand außerdem, dass dein Institut den Hauptauftrag erhalten hat, die Gefahr abzumildern, wie auch immer. Weißt ja, wie die Springer-Presse hetzen kann.«

»Dann kam die Verschwiegenheitserklärung wohl nicht rechtzeitig zustande«, erklärte sich der Vater die Geschehnisse. »Da konnten sich die Angreifer leicht eins und eins zusammenzählen. Die suchen einen Schuldigen. Und der bin ich in ihren Augen. Vielleicht machen sie noch einen Versuch, mich zu beseitigen.«

»Du bist hier gut geschützt«, versicherte ihm Marga. »Keiner kennt deinen Aufenthaltsort und die Station wird extrem gut bewacht. Auch wir haben Polizeischutz. Zur Sicherheit wohnen wir in einem Hotel.«

Dann erzählte Marga, dass die Leute durchdrehen würden: »Überall machen sich Trupps auf den Weg, die wollen den Breitwegerich ausrotten. Sie versuchen es mit Hacken und Spaten und Brennern. Und überall passiert das Gleiche. Die Leute kippen reihenweise um, so wie du selbst und dieser Heinzle. Nicht eine einzige Pflanze haben sie erfolgreich beseitigt. Die Menschen begreifen langsam, dass sie gegen die ›neue Macht‹ nicht ankommen, dass sie überhaupt keine Chance haben. Kaum noch jemand glaubt an einen großen Bluff. Und aus Russland kommen ganz seltsame Nachrichten. Dort soll es Breitwegerich-Wesen geben, die so groß sind wie Menschen, die sich bewegen können. Sogar Maschinen und Fahrzeuge sollen bedienen. Aber was wirklich dran ist, weiß niemand. Es grassieren die krassesten Meldungen.«

»Ja, es passieren seltsame Dinge. Sachen, die man sich vor kurzem nicht vorstellen konnte«, bestätigte ihr Mann. »Auch ich habe etwas ganz Seltsames erlebt. Die Angreifer sind zusammengebrochen, kurz bevor sie mich totgeschlagen haben. Das war das Letzte, was ich mitbekommen habe. Genau wie es mir und Heinzle gegangen ist, als wir dem Breitwegerich schaden wollten. Genau so sind die in sich zusammengesackt, als sie mir schaden wollten. Anscheinend waren sie aber bald wieder wach und konnten abhauen, bevor ich gefunden wurde. Vielleicht haben sie mich für tot gehalten und deshalb nicht weiter auf mich eingedroschen.«

Nach einer kurzen Pause ergänzte Peter Schrötke: »Es kommt mir so vor, als hätte der Breitwegerich mich beschützt.«

Schrötke wollte das Krankenhaus sofort mit Frau und Tochter verlassen, aber die Ärzte waren dagegen und seine Familie war es auch.

»Wie lange war ich denn weg?«, fragte er.

»Vier Tage«, antwortete Marga.

»Dann haben wir also noch zehn Tage bis zum Ablauf der Frist«, überlegte er.

»Das stimmt«, pflichtete Saskia ihm bei. »Sonntag, der 29. September wird für alle der letzte Tag ihres Lebens sein, der letzte vollständige Tag, jedenfalls. So hat der Breitwegerich es vorgesehen. Null Uhr am dreißigsten nach UTC ist alles vorbei. In Deutschland wird das wegen der Sommerzeit zwei Uhr Nacht am Montag sein. Am besten haben es die Leute auf den Azoren. Die dürfen noch fast den ganzen Montag erleben.«

Nachdenkliches Schweigen erfüllte den Raum. Das Schweigen wurde nach einer Weile von Marga unterbrochen. »Ich denke, wir sollten jetzt gehen. Wir wissen, dass es dir gut geht. Du glaubst gar nicht, wie ich mich darüber freue, egal, was wirklich passieren wird. Du brauchst immer noch Ruhe. Wir kommen morgen wieder.«

Nun lag der Professor in seinem Bett und hatte Zeit nachzudenken. Er sah nur eine Möglichkeit, das Schicksal abzuwenden: Man musste den Breitwegerich um Gnade bitten. Seine Übermacht war eindeutig, er war dem Menschen in jeder Hinsicht überlegen und er hatte offenbar die Fähigkeit und die Möglichkeiten, die Todesstrafe für die Spezies Homo sapiens auszuführen. Den Rest der Woche verbrachte er damit, eine geeignete Formulierung zu finden.

* * *

Seine Formulierung fand die Zustimmung seines Chefs Oeckinghaus, sie fand die Zustimmung des Umweltministeriums, sie fand die Zustimmung der Regierung, sie fand die Zustimmung des Europäischen Rats und sie fand die Zustimmung der Vereinten Nationen.

Am Sonntag, dem 22. September, genau eine Woche vor der angekündigten Vollstreckung der Todesstrafe erschien in allen Ländern, in allen Sprachen in Fernsehen und Rundfunk folgende Mitteilung:

> »Wir, die gesamte Menschheit, vertreten durch die Vereinten Nationen, erkennen die Übermacht des Plantago major in seinen verschiedenartigen Ausprägungen an. Wir sind uns darüber im Klaren, dass wir uns in unserem Verhalten gegen die Natur gerichtet haben und im Begriff waren, schwere Schäden im gesamten Ökosystem und in der Biodiversität anzurichten.
>
> Wir können das Todesurteil der Plantagowesen nachvollziehen, aus der Sicht eines Vertreters der Natur ist es nur folgerichtig. Das Einzige, was uns, der Menschheit, bleibt, ist, um Gnade zu bitten. Wir bitten den Breitwegerich um Gnade, um Aussetzung der Todesstrafe. Wir bitten um einen Aufschub. In dieser Frist, um die wir bitten, wollen und werden wir

den Breitwegerich-Wesen beweisen, dass wir sofort sämtliche klimaschädlichen Aktivitäten einstellen können.

Die Erde, so wie sie ist und wie sie wieder werden kann, nämlich wie in der vorindustriellen Zeit, hat genügend Raum und genügend Ressourcen für zwei hochintelligente Kulturen.

Wir bitten in aller Bescheidenheit: Lasst uns am Leben.«

* * *

Uns, dem *smarten* Breitwegerich, entging diese Botschaft nicht. Niemand der verantwortlichen Menschenwesen konnte voraussehen, was nun geschah, und auch wir hatten es nicht erwartet. Weltweit machten sich Gruppen von Menschen mit Gerätschaften – Sensen, Sicheln, Unkrautstechern, Spaten, Schaufeln, Messern und Brennern – daran, dem Breitwegerich zu Leibe zu rücken. Sie empfanden es als Schmach, die nicht hingenommen werden konnte, eine Pflanze um Gnade zu bitten. In ihrer Wut und in ihren Massen waren sie überzeugt, sie könnten uns, ihren Feind, vernichten, denn in ihren Augen waren wir nichts als schäbiges Unkraut.

Die Aufständischen wurden von uns, dem *smarten* Breitwegerich, ab sofort nicht mehr mit Lachgas empfangen, sondern mit Kohlenmonoxid. Für sie war die Schonfrist ein paar Tage früher zu Ende.

39 Vollstreckung

Die Woche verstrich. Der Breitwegerich reagierte nicht, es gab keine Bestätigung dafür, ob er die Botschaft, das Gnadengesuch der Vereinten Nationen, empfangen hatte und erst recht keine Reaktion, die Hoffnung auf ein Einlenken der Plantago-Wesen erkennen ließ.

Die Besonnenen, der weit größere Teil der Bevölkerung, hielt die Ausrottungsversuche einiger Hitzköpfe für schädlich. Wie sollte der Breitwegerich es auffassen, wenn einerseits um Gnade gewinselt und Verhaltensänderungen versprochen wurden und man andererseits gewalttätig gegen ihn vorging?

Die Aggressivitäten ließen im Lauf der Woche nach, weil sich herausstellte, dass sie erstens keinen Erfolg hatten und zweitens sogar unmittelbar zum Tod des Angreifers führten. Bald war klar, dass Angriffe auf den Breitwegerich Selbstmord gleichkamen. Einzelne Individuen mochten diese letzte Handlung vielleicht wirklich für ihren vollendeten Freitod wählen.

Peter Schrötke wurde Mitte der Woche aus dem Krankenhaus entlassen. Er fühlte sich weitgehend wiederhergestellt, nur der Kopf, der rechte Oberarm und der linke Unterschenkel mit dem angebrochenen Wadenbein schmerzten noch. Aber er konnte laufen und mit Medikamenten waren die Schmerzen erträglich.

Alles in allem bestand geringe Hoffnung, dass der Breitwegerich Gnade walten lassen würde, auch wenn er das nicht durch Fernseh- oder Radiosendungen bestätigte – wozu er in der Lage gewesen wäre.

Familie Schrötke saß seit Donnerstag, dem 26. September fast Tag und Nacht zusammen. Sie sprachen viel, sie sprachen sich aus und sie fanden sich damit ab, dass sie möglicherweise nur noch wenige Tage zu leben hatten. Sie malten sich aus, wie es sein würde, Kohlenmonoxid einzuatmeten. Alles, was sie darüber wussten, war *beruhigend*, wenn dieses Wort in diesem Zusammenhang angemessen ist. Es gab reichlich Informationen und Berichte über die Wirkung des Gases. In der hoch konzentrierten Form würden wenige Atemzüge genügen, vielleicht sogar ein einziger. So musste es den Opfern von Nuuk ergangen sein, und so erging es den Unbelehrbaren, die immer noch gegen die Pflanze vorgingen. Zwei bis drei Atemzüge also, dann würde das Bewusstsein schwinden – und das war es dann. Kein Leiden, keine Schmerzen – ganz ähnlich wie die Narkose vor einer Operation, nur dass man nicht mehr aufwachte. Das Leben war vorbei.

Oeckinghaus hatte dem ganzen Institut frei gegeben. Am Mittwoch, kurz vor Feierabend, hatte er die Belegschaft zusammengerufen und eine kleine Rede gehalten. Die Lage sei ernst, ob Hoffnung bestehe, könne niemand erahnen. »Doch die Hoffnung stirbt zuletzt«, sagte er. »Und deshalb hoffe ich, dass wir uns alle am Montag wiedersehen werden, frisch, gesund und munter.« Damit schickte er seine Mitarbeiterinnen und Mitarbeiter ins vorzeitige – vielleicht letzte – Wochenende.

Der Sonntag, der letzte Sonntag, 29. September, brach an. Um null Uhr Koordinierte Weltzeit UTC, früher Greenwich Mean Time genannt, sollte das Todesurteil vollstreckt werden. Das bedeutete, um genau zwei Uhr Ortszeit in Deutschland, am Montag, dem 30. September, würde für die Spezies Homo sapiens, würde für jedes einzelne Individuum der Menschheit, das Lebenslicht erlöschen. Falls der Plantago nicht doch Gnade walten lassen würde.

Dieser Sonntag wurde ein denkwürdiger Tag, dessen Ablauf hatten die Schrötkes genau besprochen hatten. Mutter, Vater und Tochter aßen ein exzellentes Frühstück, danach machten sie einen Spaziergang durch die Mariendorfer Pfuhle. Alles nahmen sie intensiv auf, die Bäume, die Wiesen mit Gras, Luzerne, Klee, Löwenzahn – und immer wieder Breitwegerich. Sie betraten den beliebten Britzer

Garten durch den Eingang Tauernallee. Es war ein schöner, warmer Spätsommermorgen und der Park war gut besucht. Kinder tummelten sich auf den Spielplätzen, die Eltern wirkten entspannt. Die Erwachsenen gingen nicht wie sonst stumm aneinander vorbei, wie selbstverständlich schenkte man sich gegenseitig ein Lächeln.

Es ging den Aussichtsberg hoch, über den Kalenderplatz, am Chaosbrunnen und am Wasserspielplatz mit der geschlossenen Milchbar vorbei. Dann folgte ein Besuch bei den Hühnern, Ziegen, Schafen und den beiden Eseln. Weiter ging es bis zum Eingang Britzer Mühle und dann am Rhododendron-Hain vorbei bis zum Lese-Café im Karl-Foerster-Pavillon, das geöffnet war. Die Schrötkes wunderten sich darüber und obwohl sie gut gefrühstückt hatten, genehmigten sie sich hier noch einen Milchkaffee.

»Sie haben offen?«, fragte Marga die Bedienung.

»Wir haben uns im Team dazu entschlossen. Klar, die meisten Firmen haben schon einige Tage dichtgemacht, aber zu Hause grübelt man sowieso nur rum. Dazu haben wir nach Feierabend immer noch Zeit genug, um sechs hören wir ja hier auf. Und vielleicht lachen wir uns morgen sowieso kaputt, dass man uns ins Bockshorn gejagt hat.«

»Das klingt vernünftig«, bestätigte Marga. »Und *Bockshorn* klingt gut. Hoffen wir, dass es ein Bockshorn ist. Auf jeden Fall – danke für den Kaffee und so oder so: alles Gute!«

»Wünsche ich auch«, sagte die Bedienung und wandte sich freundlich an den nächsten Gast.

Marga kochte zum Mittagessen Lauchgemüse mit Speck und Kartoffeln, es war kein kulinarisches Zauberwerk, aber ein Lieblingsgericht aller Schrötkes. Es gab keine große Portionen, denn Essen sollte einen hohen Stellenwert haben an diesem ganzen Sonntag. Das Frühstück war ungewöhnlich umfangreich gewesen und es stand Kaffeetrinken mit selbstgebackenem Käsekuchen an und abends gab es nochmals zahlreiche Leckereien.

Familie Schrötke hatte sich dazu entschlossen, zu Hause zu bleiben. Sie hätten aus vielen verschiedenen Angeboten wählen können:

Die Kirchen feierten Gottesdienste, Mitternachtsmessen waren der Höhepunkt.

Viele Clubs boten Partys an – einige erhoben Eintritt trotz der Möglichkeit, dass sie das Geld niemals würden ausgeben können, andere öffneten kostenlos.

Viele Gaststätten waren offen, Vereine luden ihre Mitglieder zu Treffen ein.

Universitäten boten öffentliche Lesungen an mit philosophischen Themen und historischen Vorstellungen von den letzten Dingen des Lebens.

Konzerthäuser hatten offen, ebenso Schauspielhäuser und Opern.

Der Britzer Garten hatte ein zusätzliches Open-Air-Klassik-Konzert organisiert mit Feuerwerk um zwei Uhr, dem Zeitpunkt der angekündigten Apokalypse.

Auch Ausflüge mit Schiffen auf Havel und Spree wurden angeboten.

Die Schrötkes setzten sich vor ihren großen Fernseher. Sie schauten sich eine Übertragung aller Beethoven-Symphonien mit den Berliner Philharmonikern an. Es war ein Mammut-Programm und eine Herausforderung für die Musiker. Die Teilnahme war für sie freiwillig – und nicht einer fehlte. Die Neunte Symphonie sollte um ein Uhr am Montagmorgen erklingen. Sie würde eine gute Stunde dauern. Würden die Musiker sie zu Ende spielen können, bedeutete das ein Weiterleben für die Menschheit. Würden sie nicht zu Ende spielen, würden sie das Erdenleben mit musikalischer Erfüllung beschließen – und den Zuhörenden den Abschied so angenehm wie möglich machen.

Die Übertragung begann um vier Uhr nachmittags. Die Schrötkes ließen den Fernseher laufen, während sie Kaffee tranken und Kuchen aßen. Der Esstisch war schön dekoriert, Käsekuchen und Sahne schmeckten wie immer vorzüglich. Die Erste Symphonie war nach einer halben Stunde beendet, dann hatten Musiker und Dirigent dreißig Minuten Zeit, sich zu erholen und auf die nächste Darbietung einzustellen. Den Zuschauer wurden währenddessen Informationen zum Leben des Komponisten und Informationen rund um die jeweiligen Stücke geboten. Das wiederholte sich etwa im Stundenrhythmus, da jedes Werk eine gute halbe Stunde dauerte.

Inzwischen war die Nacht angebrochen. Schrötkes hatten es sich in ihren Sesseln bequem gemacht, lauschten der Musik und knabberten, weil sie das ›immer‹ so machten, Chips, Salzstangen und Nüsse. Dazu tranken sie nach und nach, in kleinen Schlucken, eine Flasche Prosecco.

Gegen acht Uhr abends wurde die Fünfte Symphonie angekündigt. »Bei der Uraufführung am 22. Dezember 1808 wurde sie gleichzeitig mit der sechsten, der ›Pastorale‹, aufgeführt – in getauschter Reihenfolge. Beethoven hatte dem Publikum sein Schaffen der letzten beiden Jahre vorstellen wollen.« Das waren die einleitenden Worte der Sprecherin. Dann erklang das berühmte Ba-ba-ba-Bamm.

Genau eine Stunde nach Mitternacht stimmten die Musiker der Philharmonie die Neunte Symphonie an, Beethovens Opus 125. Der Dirigent hob leicht gebeugt die Arme, in einer Hand den Taktstock. Kurz zuckte er mit den Händen, dann eine angedeutete Abwärtsbewegung und die Musik setzte leise und vorsichtig ein. Bald schon steigerte sie sich in furiose Klänge, Harmonien wechselten mit Disharmonien, langsame und schnelle, laute und leise Passagen.

Gebannt hörten Vater, Mutter und Tochter zu. So intensiv hatten sie einem Konzert noch nie beigewohnt, weder bei einer Veranstaltung noch bei einer Übertragung. Sie fühlten sich behaglich. Alles war eigentlich ›wie immer‹, wenn nur nicht eine Uhr mit Sekundenzeiger in der rechten oberen Ecke des Bildschirms eingeblendet gewesen wäre.

Der fünfte und letzte Satz sollte gegen zwei Uhr und fünfzehn Minuten beendet sein, also eine Viertelstunde nach dem angekündigten Ende der menschlichen Existenz auf dieser Erde. Würden die Musiker weiterspielen oder würden sie tot zusammenbrechen?

Viertel vor zwei wurden alle in der Familie unruhiger und hatten Mühe, der Musik zu folgen. Die Uhr zog die Aufmerksamkeit mehr und mehr auf sich. Darauf zuckte der Sekundenzeiger unerbittlich voran. Ein Bild aus seiner Kindheit tauchte bei Peter auf.

»Früher verreisten meine Eltern ab und zu mit mir«, erinnerte er sich. »Da stand ich vor der riesigen Bahnsteiguhr und war fasziniert, wie die Zeiger sich bewegten. Der lange dünne ruckte regelmäßig weiter. Das war, ganz klar, der Sekundenzeiger. Das wusste ich nur noch nicht. Ganz oben machte er scheinbar eine kurze Pause. Dann folgte der dicke lange Zeiger und sprang auf den nächsten Strich. Das war der Minutenzeiger. Beim kurzen dicken tat sich überhaupt nichts. Das war der Stundenzeiger. Von einer Stunde hatte ich aber auch noch keine Ahnung.«

»Vielleicht machen wir ja auch gleich unsere lange Reise«, grübelte Marga. »Unsere letzte Reise…« Ihre Stimme wurde brüchig vor Rührung und sie atmete tief.

»Komm Mutti«, krähte Saskia, »nun werd nicht noch sentimental!«

»Vorlautes Kind«, wies der Vater sie zurecht. Und alle mussten lachen.

Derweil maß vollkommen ungerührt und rein mechanisch die eingeblendete Uhr Strich für Strich den Fluss der Zeit.

Eine Minute vor zwei Uhr stand Peter Schrötke auf, hob sein Sektglas und stieß mit Marga und Saskia an. Sie tranken, stellten die Gläser ab und umfassten sich an den Schultern.

Der Sekundenzeiger teilte mit, dass 15 Sekunden blieben bis zum Ende der Schonzeit. Zehn Sekunden vorher atmeten die drei so tief ein, wie sie konnten. Das hatten sie sich vorgenommen. Zwei Minuten schafften sie es vielleicht, das Giftgas zu vermeiden, bei aller Anstrengung vielleicht drei, dann würden sie nacheinander zusammensinken.

Fünf Sekunden noch.

Vier.

Drei.

Zwei.

Eins.

Null.

Der Sekundenzeiger tickte ungerührt weiter, die Musiker spielten weiter, anscheinend ebenso ungerührt wie routiniert – geniale Künstler gaben ihr Bestes aus dieser genialen Komposition.

Dass sie nicht tot zusammenbrachen wie in Nuuk, war beruhigend. Trotzdem hielten die Schrötkes weiter die Luft an. Nach hundertsiebzig Sekunden, schnaufte Marga als erste tief und fest – und sank nicht bewusstlos zu Boden, sondern strahlte Mann und Tochter an. Die gab als nächste auf, zweihundert Sekunden hatte sie geschafft. Prusten, Keuchen und Strahlen. Peter, der Radler, hielt noch zwanzig Sekunden länger durch, dann keuchte auch er los.

Alle lebten, alle waren überglücklich. Obwohl sie sich schon in den Armen lagen, drückten sie noch einmal fester zu. Dann umschlang Marga ihren Mann, hob ihn hoch, dann die Tochter. Auch die ließ es sich nicht nehmen, ihre Eltern nacheinander zu stemmen.

Derweil klang der letzte Satz fulminant aus. Die Uhr zeigte zwei Uhr fünfzehn. Die Symphonie war zu Ende gespielt, die Musiker lebten noch. Frenetischer Beifall setzte ein. Die Zuschauer lebten. Wieder und wieder verbeugte sich der Dirigent, wieder und wieder standen die Musiker auf und verbeugten sich. Blumen wurden überreicht an den Dirigenten, erste Geige und Solisten. Nochmals stimmten die Musiker das Thema an, der Chor sang ›Freude, schöner Götterfunke‹ mit nie dargebotener Inbrunst.

Dann wurde der Bildschirm allmählich dunkel, der Beifall ebbte ab. Dder Nachspann nannte Titel, Dirigent, Musiker, Aufnahmeleitung und so weiter.

Inzwischen war es drei Uhr und das Ultimatum der Plantago-Wesen um eine Stunde überschritten. Der Appell hatte offensichtlich Früchte getragen.

»Wollt ihr noch weiter zuschauen?«, fragte Marga.

»Mich wundert, dass niemand etwas zum Todesurteil sagt und dass es ausgesetzt ist«, sagte Peter. »Da müssten doch jetzt Nachrichten kommen. Oder Kommentare. Nach jedem Fußballspiel gibt es das doch.«

»Die wollen anscheinend die Musik für sich sprechen lassen, wollen den Zauber nicht stören«, war Saskias Erklärung. »Dass wir nicht tot sind, merken wir ja selber. Jeder merkt das, wozu noch große Erklärungen?«

»Du wirst recht haben, meine kluge Tochter«, lobte sie die Mutter. »Ist das herrlich. Ist das eine Beruhigung. Da haben wir ganz umsonst die Luft angehalten …«

Alle lachten lauthals los.

»Ich glaube, ich muss ins Bette«, meinte Peter schließlich. »Das war aufregend genug. Es ist drei Uhr. Und weil ich nicht tot bin, muss ich nachher zur Arbeit.«

Nochmals lachte die Familie, und noch einmal umarmten sie sich. Dann machten sie sich bettfertig.

* * *

Wir, der *smarte* Breitwegerich, hatten das Gnadengesuch der Vereinten Nationen sehr wohl empfangen.

Wir gingen nicht darauf ein. Wir lehnten es ab. Der Mensch würde sich nicht ändern, trotz aller Beteuerungen, trotz aller Versprechen.

Wir hatten andere Pläne.

40 Komi und Nuuk

Der Haussegen bei den Malyschews hing schief. Julia und Alexei wünschten sich, das Ultimatum zu Hause abzuwarten, im kleinen Kreis der kleinen Familie, aber Fjodor war strikt dagegen. Viele seiner Kumpels aus den umliegenden Ortschaften hatten beschlossen, diesen denkwürdigen Tag, wie immer er ausgehen würde, zusammen zu verbringen. In Mezhdurechensk, 40 km entfernt in südwestlicher Richtung, gab es ein Jugendzentrum, dort wollten sich 200 Jugendliche treffen, »ihre« Musik hören, essen, trinken, tanzen und sich betrinken. Entweder käme er am Montagmorgen nach Hause – ansonsten sei sowieso alles egal.

Die Eltern gaben schließlich nach, wahrscheinlich hätten sie in seinem Alter nichts anderes gewollt. Und was hätten sie davon, wenn Fjodor mit finsterer Miene den letzten Abend bei ihnen hockte. Vielleicht war es sogar ganz schön, als altes Ehepaar zusammen zu sein.

* * *

Am anderen Ende der Welt hatte Eqaluk ganz andere Pläne. Lange hatte er überlegt, was er an dem angekündigten letzten Tag seines Erdenlebens tun sollte. Schließlich lag sein Entschluss fest, auch die Eltern und sein Bruder Jens stimmten zu. Sie packten ihre Utensilien in ein Tuckerboot, das sich Eqaluk mit seinem Freund Steen teilte, und fuhren raus an den Kobbefjord, neun Kilometer in ostsüdöstlicher Richtung.

Kobbe-fjord ist die dänische Bezeichnung der Wasserstraße, Kangerluarsunnguaq Fjord heißt er auf Grönländisch. Null Uhr UTC bedeutete 21 Uhr Ortszeit am Montag, dem 30. September. Durch die Zeitzonen war den Grönländern fast ein ganzer Tag mehr gegönnt bis zum angekündigten Untergang.

Vier Erwachsene und zwei Kinder fuhren schließlich hinaus, neben Eqaluk und Jens dessen Frau Zontikko und deren beide Kinder Lone und Nils. Die Kinder kamen gerne mit, ihre Großeltern blieben jedoch zu Hause. Sie wollten wie immer ins Bett gehen und einfach hinnehmen, ob sie noch einmal aufwachen würden oder nicht.

Die vierte Erwachsene, die mit hinausfuhr, war der Gast der UN-Klimakonferenz, den die Familie aufgenommen hatte. Sie war eine der wenigen gewesen, die das grönländische Angebot angenommen hatten und war bei Familie Møller untergekommen. Bei der Abschlusskundgebung hatte sie bei ihren Gastgebern vor dem Fernseher gesessen und war weder im großen Saal noch auf einem der Kreuzfahrtschiffe gewesen. Dadurch hatte sie überlebt, aber bisher war es nicht möglich gewesen, nach Deutschland zurückzukehren. Und das, so erlebte es Eqaluk, war vom Schicksal so gewollt. Es war ein Glück für ihn – und auch ein Glück für *Tunniussaq*, sein ›Geschenk‹, so nannte er sie. Ihren deutschen Namen auszusprechen fiel ihm schwer. *Tunniussaq* also nannte er sie, oder *Qulliu*, ›Schatz‹. Sie war ihm vom ersten Augenblick an sympathisch gewesen, und ihr erging es nicht anders.

Ob Sila oder Pinga ihre Finger Spiel hatten, wusste Eqaluk nicht, er glaubte weder an die alten noch an die neuen Götter, liebenswerter waren ihm die grönländischen.

Religionen erschienen Eqaluk wie Märchen. In allen, die ihm bekannt waren, gab es wunderschöne Geschichten, in den Glaubenslehren wie in den Fabeln. Doch wegen eines Märchens haben sich Menschen niemals wechselseitig umgebracht.

Sila ist für die Inuit der Gott des Wetters, der Luft und des Bewusstseins, als allgegenwärtige Kraft hält er die Welt im Gleichgewicht. Pinga ist die Göttin des Landes und der Fruchtbarkeit, sie ist die wohlwollende Kraft der Lebensfülle.

Es würde bald dunkel sein und kalt werden, also nahmen sie Decken und Lampen mit. Eqaluk kannte eine geeignete Stelle zum Anlegen, wo sie trocknen Fußes an Land gehen konnten. Hier hatte er oft, sehr oft gesessen und geangelt. Nicht nur, dass hier reiche Beute an Dorsch und Rotbarsch garantiert war, es war vor allem die Ruhe, die er hier genießen konnte, abgeschieden vom Alltag, der selbst auf Grönland oft genug hektisch war.

Familie Møller machte sich sogleich daran, einige Grundangeln mit Ködern ins Wasser zu bringen. Die Deutsche schaute interessiert zu und ließ sich die einzelnen Vorgänge erklären. Viele Fachausdrücke aus der Anglersprache verstand sie nicht, und Eqaluk kannte nicht die entsprechenden englischen Begriffe. Englisch war die gemeinsame Sprache der beiden, obwohl er sich bemühte, ein paar deutsche Ausdrücke zu lernen und sie dänische.

Eher begriff *Qulliu* die Art ihres Freundes, zu meditieren. Von einem Schamanen hatte er schon in der Schulzeit gelernt, in verschiedenen ›Schichten‹ zu denken. In der obersten Schicht sang er sich in Gedanken ein volkstümliches Lied vor, und in einer Schicht darunter versuchte er gleichzeitig, im Kopf eine mathematische Aufgabe zu lösen, zum Beispiel 123 mal 456. Das bekam er meist ohne Probleme hin. Schwieriger wurde es, eine dritte Ebene dazuzunehmen, beispielsweise sich vorzustellen, wie er den Fisch zum Abendessen zubereiten würde.

Die Deutsche war fasziniert. Sie probierte es gleich aus, sang innerlich ›Alle meine Entchen‹ vor sich hin und versuchte 45 mal 54 auszurechnen. Als dritte Ebene wählte sie die Vorstellung, wie sie mit Eqaluk unter das Eisbärenfell kriechen würde. Diese Ebene gelang ihr fast am besten. Sie hatte den Eindruck, die Übung vertiefte ihre Ruhe, die sie in dieser stillen Umgebung sowieso empfand.

Die anderen fünf Leute, gerade auch die Kinder, versuchten, sich hauptsächlich auf den Fischfang zu konzentrieren. Immer wieder zuckte die Angelspitze, Fisch für Fisch zogen sie aus der Tiefe. In den Zeiten dazwischen vertrat man sich die Beine, indem man ein Stück am steinigen Ufer entlang ging. Wurde einem kalt, stieg man so lange senkrecht den steilen, felsigen Hang hinauf, bis man keuchte und sich wieder warm fühlte.

Später, als es dunkler wurde, war diese Methode zu unsicher, da man sich auf dem unebenen Boden leicht die Knöchel verstauchen konnte. Nunmehr halfen die Decken und kleine Schlückchen Schneehuhn-Schnaps, von dem Eqaluk eine Halbliterflasche mitgenommen hatte.

> Dieser hochprozentige Trank wird aus dem Magen des Federviehs gewonnen, er wird gelagert, destilliert und nochmals gelagert, was sich über fast ein Jahr hinzieht. Der Geschmack hängt davon ab, was die Tiere gefressen hatten. Wenn der Mageninhalt viele Krähenbeeren enthielt, bekommt der Schnaps eine sanfte, süßliche Note und mundet besonders angenehm.

Die Sonne war verschwunden, der Fischkorb gut gefüllt, auch unter den Decken wurde man nicht mehr richtig warm. Einundzwanzig Uhr war vorbei, es ging beinahe schon auf zweiundzwanzig Uhr zu, der Weltuntergang war ausgeblieben.

Die sechs Personen waren weder sonderlich überrascht noch sonderlich glücklich. Wie ernst das verbreitete Todesurteil zu nehmen war, hatten sie nicht abschätzen können. Jedenfalls war nichts passiert. Sie schleppten Angelzeug, Beute, Decken und sonstiges ins Boot und Eqaluk trat die Heimfahrt an. Er kannte die Strecke wie seine Westentasche, konnte die steilen Klippen sicher umschiffen. Der Himmel war fast wolkenlos, der Mond schien, nur gelegentlich musste der Bootsführer seine starke Taschenlampe einschalten.

* * *

Fjodor tuckerte die Piste entlang. Auf einem Mofa Riga-22 Baujahr 1989 hatte er 40 Kilometer vor sich. Es fuhr trotz seines Alters zuverlässig, aber nicht schnell, sodass er auf der hoprigen Straße zwei Stunden zurück nach Hause brauchen würde. Er konnte kaum fassen, wie der Abend ausgegangen war, und konnte kaum erwarten zu erfahren, ob seine Eltern lebten – wie er selbst.

Die Republik Komi lag drei Stunden hinter der UTC, der Greenwich-Zeit. Das angekündigte Urteil der grünen Wesen würde deshalb um drei Uhr in der Nacht eintreten.

Die Stunden im Jugendzentrum waren aufregend gewesen, die Stimmung hatte geschwankt zwischen besorgt-ängstlich und optimistisch-zuversichtlich; mit dabei das unerschütterliche Gefühl, jung und unbesiegbar zu sein.

Zweihundert Jugendliche feierten, tanzten und betranken sich nach und nach, einige Pärchen knutschten. Als es auf drei Uhr zu ging. stellte sich ein kräftiger Kerl auf einen Tisch, hielt eine Wodkaflasche in der rechten Hand und schaute auf die Armbanduhr an seinem linken Handgelenk. Eine Minute vor drei Uhr begann er von sechzig rückwärts zu zählen. Die Musik war aus, die Tänzer hielten inne, die Küssenden lösten sich voneinander.

Fünf Sekunden vor drei Uhr hob der junge Mann seine Flasche, als wolle er Punkt drei daraus trinken. Viele taten es ihm gleich und hoben Gläser oder Flaschen in die Höhe. So auch Fjodor.

Der Mann auf dem Tisch rief lautstark: »Null«, setzte die Flasche an – und sackte zusammen. Er fiel mit einem

Knall vom Tisch herunter und schlug hart auf dem Boden auf. Allen anderen ging es genauso, die Beine trugen sie nicht mehr oder sie fielen der Länge nach hin.

Das sah Fjodor, noch während er einige Schlucke aus der Pulle trank. Niemand von seinen Kumpels hatte das geschafft. Er war der Einzige, der stand und schluckte. Und mit seinem benebelten Verstand wurde ihm klar: Die Grünen hatten ernst gemacht. Es war ihm klar, es würde niemand mehr leben. Aber es war ihm nicht klar, warum er dem Schicksal entgangen war.

Obwohl er sich keine Hoffnung machte, schubste er einige der umliegenden Leute, schlug ihnen ins Gesicht und, schrie sie an: »Steh auf! Mach nicht so einen Mist.« Er versuchte, den Puls an der Halsschlagader zu fühlen – erfolglos. Bald ließ er das bleiben und hastete durch die anderen Räume. Auch hier lagen hier die jungen Leute regungslos, niemand mehr stand aufrecht oder saß auf einem Stuhl.

Fjodor rannte aus dem Zentrum und klopfte an der Tür des Hausmeisters. Keine Reaktion. Er drückte die Klinke, die Tür ging auf. Fjodor traute sich einzutreten ein und öffnete hastig ein paar weitere Türen. Im Wohnzimmer lagen reglos der Hausmeister und seine Frau. Fjodor machte sich nicht mehr die Mühe, irgendein Lebenszeichen von ihnen zu bekommen. Der junge Mann schaute in noch ein paar der umliegenden Häuser, traf aber keine lebende Person mehr an, er fand nur Leichen.

Dann ging er zu seinem Mofa und trat den Kickstarter. Der kleine Fünfzig-Kubikzentimeter-Motor sprang an und Fjodor fuhr los. Nach einem Kilometer liefen ihm Tränen durchs Gesicht.

* * *

Eqaluk steuerte das Boot an den Steg. Jens, Zontikko, die Kinder und *Qulliu* stiegen aus. Sie holten alle Utensilien aus dem Wasserfahrzeug und machten sich auf den kurzen Nachhauseweg. Nichts sah ungewöhnlich aus, um diese Zeit war nie viel los in Nuuk. Aus einigen Fenstern drang Licht aber niemand begegnete den Sechsen. Das war schon ein bisschen merkwürdig. In der Aqqusinersuaq kamen sie am Godthåb Marineverein vorbei. Ein Betonkeller war da in den ansteigenden Felsen hinein gebaut worden, und hier waren immer ein paar Leute. Auch hier brannte Licht.

Eqaluk stieg die Treppe bis zum Hochparterre, einem Geschoss aus rotem Holz, hinauf. Er drückte die Eingangstür auf, die, wie fast alle Türen zu öffentlichen Räumen, selten verschlossen war, und hier lagen sie auf dem Boden, etwa zwanzig Vereinsmitglieder. Sie hatten an den sechs Tischen gesessen und waren auf den Boden gerutscht. Links am Tresen waren vier weitere Männer von den Barhockern gefallen. Johanne Rasmussen, Jesper Knudsen, Ole Kleist, Dorte Mølgaard und Malik Sandgreen erkannte er, sie waren gute Freunde von ihm und alle waren ihm zumindest vom Sehen bekannt. Der größte Schock war, dass links in der Ecke auch sein bester Kumpel Steen lag. Ein Gedanke tauchte auf, für den sich Eqaluk sofort schämte: ›Jetzt habe ich das Boot für mich alleine.‹

Die Drohung war also doch wahrgemacht worden, das Urteil vollstreckt. Eqaluk versuchte gar nicht erst, festzustellen, ob die Leute wirklich tot waren, das konnte er sich ersparen. In den Gesichtern und an den Händen erkannte er die rosa Totenflecken. In den letzten Wochen war viel darüber berichtet worden, dass dies das untrügliche Zeichen für eine Kohlenmonoxid-Vergiftung sei.

Benommen ging er ein paar Schritte rückwärts. Fast wäre er die Stufen hinabgestolpert, so befangen war er. ›Wieso brannte das Licht?‹, schoss es ihm durch den Kopf. Wenn alle tot waren, mussten die Mitarbeiter der Elektrizitätswerke es auch sein.

Grönland erzeugt sechshundert Millionen Kilowattstunden Strom aus Wind-, Wasserkraft und Photovoltaik, mehr als für den eigenen Bedarf. Der Überschuss wird exportiert oder einfach nicht genutzt.

Auf der letzten Stufe fragte sich Eqaluk: ›Was mache ich mir Gedanken über Strom? Viel erstaunlicher ist doch, dass ich lebe – dass Jens, Zontikko, Lone, Nils Sohn und *Qulliu* leben.‹ Dann brannte es ihm unter den Nägeln: Lebten seine Eltern noch?

* * *

Endlich erreichte Fjodor sein Heimatdorf Koslan. Es war fast sechs Uhr morgens und er war in der kühlen Nachtluft durchgefroren. Schließlich stand Fjodor vor seinem Haus, stellte die Riga ab und rannte zur Eingangstür, riss sie auf und stürmte ins Wohnzimmer. Die Eltern hatten geduldig gewartet. Als sie die Geräusche an der Tür hörten, sprangen sie auf und rannten ihrem Sohn entgegen. Alle drei lagen sich in den Armen und schluchzten vor Erleichterung. Fjodor brauchte eine Weile, bis er berichten konnte, was er im Jugendclub erlebt hatte.

Danach erzählten Julia und Alexei, wie für sie die Nacht verlaufen war. Sie hatten sich eine Comedy-Show angesehen, in der ziemlich dümmlich die ganze Zeit über Weltuntergangswitze gerissen wurden. Nach einer Weile hatten sie sich abgewandt, in ihre Sessel gesetzt, sich angesehen und meist geschwiegen. Dann wechselten sie aufs Sofa, lehnten sich aneinander und hielten sich bei den Händen, wie sie es am Anfang ihrer Beziehung oft getan hatten. Später war diese Zärtlichkeit anderen Gesten gewichen, die der Alltag erforderte. Beide fühlten sich sehr nah, sehr verbunden. Der Fernseher lief leise im Hintergrund. Fünf Minuten vor drei Uhr wandte sich das Paar ihm wieder zu, denn es wurde der Countdown eingeblendet. Alle Komiker der Sendungwaren jetzt auf der Bühne versammelt und zählten grinsend mit.

Um drei Uhr fielen alle um. Julia und Alexei saßen weiter auf ihrem Sofa, bekamen keine Luftnot und waren sich nicht sicher, was das bedeutete. Erreichte sie das Gas nur später oder hatten sie überlebt? Waren die Fernsehleute überhaupt tot oder spielten sie etwas vor? Es regte sich niemand mehr – das Bild war wie eingefroren, ganz ähnlich wie beim Anschlag in Nuuk.

»Nach einer Weile gingen wir zu den Nachbarn rüber«, berichtete Julia ihrem Sohn. »Du kannst dir ja denken, was wir vorfanden, nach dem, was du erlebt hast.«

»Alle tot«, vermutete Fjodor.

»So war es«, bestätigte Alexei. »Wir gingen in bestimmt zehn, zwölf Häuser in der Umgebung. Wir haben gar nicht mehr gezählt. Wir fanden nur Tote, an die fünfzig insgesamt.«

»Wir fanden es sinnlos, weiter zu suchen«, meinte Julia. »Deshalb sind wir nach Hause gegangen und haben auf dich gewartet. Wir haben gehofft, dass du kommst.«

»Und dann bist du ja gekommen«, sagte Alexei. Er stand auf und drückte seinen Sohn noch einmal fest an sich.

»Aber warum leben wir?«, fragte Fjodor.

Darauf hatte niemand eine Antwort.

* * *

Eqaluk öffnete die Schlafzimmertür seiner Eltern. Da lagen sie in ihren Betten – und schnarchten leise.

Behutsam schloss er die Tür wieder und ging zu den anderen in die Stube. Jens und seine Familie waren mitgekommen, sie wollten erst einmal zusammenbleiben. Müde waren alle, aber schlafen konnte niemand.

»Was machen wir?«, fragte Zontikko. »Sollen wir nach Überlebenden suchen?«

»Ich glaube, das ist sinnlos«, entgegnete Eqaluk.

»Aber wenn wir überlebt haben, vielleicht haben es andere auch«, erwiderte die Schwägerin.

»Dann leben die morgen auch noch. Wir suchen morgen die Umgebung ab«, schlug Eqaluk vor.

»Wieso sind wir denn verschont worden«, grübelte Lone.

»Ja seltsam«, fand auch Nils. »Und nicht nur einer von uns hat überlebt, wir alle zusammen, auch Oma und Opa hat es nicht erwischt. Das ist ja wie ein Wunder.«

»Ich glaube, so schnell werden wir das nicht herausbekommen, was uns verschont hat«, überlegte Eqaluk. »Vielleicht werden wir es auch nie erfahren.«

Dann verkündete er, dass er doch, trotz all der Aufregung, spüre, wie müde er sei. Er wollte sich hinlegen, und nach seinem Beispiel taten die anderen es auch.

Aber der Schlaf wollte sich nicht einstellen. Es blieb eine unruhige Nacht.

41 Erwachen

Professor Peter Schrötke wurde erst wach, als der Wecker schrillte, das kam selten vor. Meist war die Nacht für ihn um sechs Uhr zu Ende, deshalb verzichtete er in der Regel darauf, eine Hilfe zu benutzen, aber diesmal hatte er es vorsorglich getan. ›Komisch‹, sagte er sich, ›ich muss wohl doch eingeschlafen sein‹, denn Schrötke hatte das Gefühl, sich nur von links nach rechts gedreht und kein Auge zugetan zu haben.

Seine Frau und Tochter schliefen noch, er störte sie nicht. Saskia hatte Schule, aber ob sie heute rechtzeitig dort ankäme oder überhaupt nicht hinginge, war ihm egal. Auch für sie war die Nacht sehr kurz gewesen. Er machte sich fertig wie üblich und wollte schon das Rad aus dem Schuppen holen. Doch dann kam ihm der Gedanke, erst einmal im Institut anzurufen. Er ging zurück in die Wohnung und wählte. Die Leitung war tot, das war seltsam, aber nicht unmöglich. Also nahm er das Handy und wählte die Mobilnummer der Sekretärin. Auch hier: keine Verbindung. Er probierte es mit der Nummer seines Chefs, hier passierte ebenso nichts. Da erst merkte Schrötke, dass er überhaupt kein Netz hatte, das Telefonieren konnte er also vergessen. Nun warf er den Rechner an. Sein WLAN-Router funktionierte, aber er bekam kein Internet.

Als letzten Versuch, Informationen zu bekommen, schaltete er den Fernseher ein. Der Empfang lief über DVBT, war also unabhängig von Internet oder Kabel. Zumindest das funktionierte. Das Programm von gestern Abend war noch eingespeichert, und dort lief eine Beethoven-Symphonie; die Vierte ging gerade zu Ende. Die Fünfte wurde angekündigt mit den Worten: »Bei der Uraufführung am 22. Dezember 1808 wurde sie gleichzeitig mit der sechsten aufgeführt – in getauschter Reihenfolge. Beethoven hatte dem Publikum sein Schaffen der letzten beiden Jahre vorstellen wollen.« Das waren die gleichen Worte wie am Vorabend. Peter Schrötke dämmerte: Sie hatten gestern eine Aufzeichnung präsentiert bekommen, und die wurde nochmals wiederholt.

War die Apokalypse überhaupt ausgeblieben? Leichte Panik erfasste den Professor, sein Hirn begann zu rattern. Internet, Fest- und Mobilfunknetz waren ausgefallen, Strom aber hatten sie. Das war aber nur ein scheinbarer Widerspruch, denn die Schrötkes hatten eine Photovoltaikanlage mit zusätzlichem Stromspeicher. Wenn der Strom ausfiel, dann bemerkten sie das eine Weile überhaupt nicht. Der Sender konnte sich wahrscheinlich mit einem Notstromaggregat versorgen.

Peter Schrötke stellte das Institut hintenan, und statt hinzufahren weckte er Marga und Saskia und erklärte ihnen die Situation. Beide waren entsetzt. »Wir haben doch das Konzert gesehen, die Musiker haben zu Ende gespielt«, überlegte Marga. »Da war das Ultimatum längst vorbei. Keiner ist tot umgekippt.«

»Der Sender hat die Zuschauer gefoppt. Das war eine Aufzeichnung. Die läuft immer noch, als Wiederholung. Ich habe es gerade gesehen«, erklärte ihr Mann.

»Was sollen wir jetzt machen?«, fragte Saskia. Ihre Stimme klang verunsichert

Von zwei Nachbarn hatten die Schrötkes Schlüssel für Notfälle und zum Blumengießen während des Urlaubs.

»Ich sehe mal bei den Wagners und den Schröders nach«, schlug Peter vor. Er überquerte die Straße und klingelte Sturm, aber er hörte drinnen kein Schrillen. So öffnete er die Haustür und rief hinein: »Brigitte, Siggi – ich bin's, Peter! Ist bei euch alles okay?« Es kam keine Antwort.

Peter eilte ins Wohnzimmer und sah die beiden vor dem Fernsehgerät sitzen. Sie hätten schlafen können – wären da nicht die rosa Flecken an den Händen gewesen, die Totenflecken der Kohlenmonoxid-Vergiftung. Die Gesichter wirkten entspannt, hier fehlten die Flecken. Aber sie entstehen nunmal zuerst an den *abhängigen* Partien, weil das Blut aus den zerstörten Gefäßen mit der Schwerkraft nach unten sackt.

Der Professor verzichtete auf eine Herzmassage und erst recht auf eine Atemspende. Möglicherweise hätte er Kohlenmonoxid einatmen können, das die Leichen noch in den Lungen hatten. Stattdessen zog er bei Siggi die Hosenbeine hoch und bestätigte sich selbst, dass auch hier die typischen Totenflecken entstanden waren. Ein bisschen wunderte er sich, wie wenig aufgeregt er war, denn eigentlich war er nicht so ein abgebrühter Hund. Die Ankündigung der Todesstrafe vier Wochen zuvor hatte offenbar bewirkt, dass er innerlich darauf vorbereitet war. Worauf er aber nicht vorbereitet war, war die Möglichkeit, dass er verschont werden könnte. Nicht nur er, auch Marga und Saskia waren – zu seinem großen, zu seinem unfassbar großen Glück – ebenfalls am Leben geblieben.

Doch Peter Schrötke wollte die Zeit nicht mit Grübeln verplempern, dazu hatte er später immer noch Zeit. Er machte einen Lichttest und legte mehrere Schalter um – keine Lampe glimmte auch nur auf. Also war das Stromnetz zusammengebrochen.

Nächster Versuch: Schrötke ging zu den Nachbarn Schröders nebenan. Klingeln, Aufschließen, Rufen. Das gleiche Resultat: Keines. Und leider fand er auch hier nur die Leichen mit den Totenflecken. Nur Störtebeker, der kleine Köter, sprang verstört herum. Die Nachbarn waren also nicht der Empfehlung der *Richter* gefolgt, ihn freizulassen.

Peter nahm den Hund mit, ging nach Hause und berichtete Marga und Saskia, was er entdeckt hatte. Sie waren fassungslos, alle drei fielen in grübelndes Schweigen. Nur Störtebeker ließ sich nicht von der trüben Stimmung beeindrucken, unruhig lief er hin und her und winselte.

Saskia ging zu Schröders, holte Futternapf, Wassertopf und einen Beutel ›Frolic‹, das Trockenfutter, das das Tier gewöhnt war. Als sie es dem Hündchen anbot, wedelte es mit dem Schwanz und gab Ruhe. Nun hatten sie ein neues Haustier, einen kleinen, hässlichen, aber sympathischen Straßenköter, weiß mit braunen Flecken. Einer zog sich über das linke Auge, sodass er aussah wie ein Pirat mit Augenklappe. Das Tier musste sich zum Glück nicht sonderlich umgewöhnen, denn die Schrötkes hatten es schon oft gehütet.

Die Familie beriet sich. Dem Vater war es wichtig, nachzusehen, was im Institut los war. Er wollte hinradeln, vielleicht hatte dort noch jemand überlebt. Derweil wollten Mutter und Tochter die Nachbarschaft aufsuchen, zumindest an den Türen klingeln und klopfen, um herauszufinden, ob es weitere Überlebende gab. Dann wollten sie Brigitte, Siggi und die Schröders in ihren Gärten beerdigen.

»Dürfen wir das denn so ohne Weiteres?«, fragte Saskia.

»Ich denke schon«, antwortete Marga. »Was soll sonst mit ihnen passieren? Zu Not kann man sie auch wieder ausbuddeln und ›normal‹ bestatten.«

»Und es besteht ja auch Seuchengefahr. Noch ist es ziemlich warm. Die Leichen werden schnell verwesen. Wer weiß, was sich da verbreiten kann«, überlegte Peter. Dann machte er sich auf den Weg.

Das Institut war verwaist, keine Menschenseele war anwesend. Ohne viel Hoffnung auf Erfolg versuchte Peter Schrötke, von mehreren Büros aus zu telefonieren, aber nicht bei einem Apparat ertönte auch nur das Freizeichen.

Nach eineinhalb Stunden traf sich die Familie wieder. An keiner Tür hatten Marga und Saskia Glück gehabt, obwohl sie es an mindestens fünfzig Häusern oder Wohnungen versucht hatten. Klingeln ließen sie nach wenigen Versuchen bleiben, weil die Schellen nirgends funktionierten. Nach einer Weile taten den Frauen die Fäuste weh vom Wummern gegen die Türen. In einem Vorgarten lag Anmachholz herum, Marga und Saskia schnappten sich einen Knüppel und hämmerten damit gegen die Haus- oder Wohnungseingänge.

Das waren keine aufmunternden Nachrichten, nicht aus dem Institut, nicht aus der Nachbarschaft. Saskia probierte noch ein paarmal ihr Handy, wählte die Nummern von Freunden und die Notfallnummern 110 und 112, ohne Erfolg. Ihre Eltern saßen am Tisch und stierten vor sich hin. »Es nutzt ja nichts, wenn wir hier Trübsinn blasen. Es muss irgendwie weitergehen«, meinte schließlich die Mutter. »Ich koche erst mal einen Kaffee und dann seh'n wir weiter.«

»Du hast ganz recht«, pflichtete Peter ihr bei. »Ich muss was tun, sonst drehe ich durch.«

»Geht mir genauso«, stimmte seine Tochter ihm zu. »Ich glaube, ihr habt recht. Wir sollten die die Nachbarn beerdigen.«

Nach dem Kaffee machten sich die Familienmitglieder ans Werk. Die Gräber auszuheben war schwere, körperliche Arbeit. Für die zwei Toten achtzig Zentimeter breit, einen Meter achtzig lang und zwei Meter tief. 2.880 Liter waren das, wie Peter im Kopf berechnete, oder fast drei Kubikmeter. Ungefähr vier Tonnen Erde mussten also bewegt werden, und das dauerte vier Stunden.

Die Erde war zum Teil sehr fest und zusätzlich mit reichlich Wurzelwerk durchsetzt. Alle drei waren körperlich erschöpft, obwohl sie sich abgewechselt hatten.

Danach kam die seelisch belastende Arbeit: Die Leichen mussten in das Grab gebracht werden. Die Nachbarn waren vertraute Menschen gewesen, sie zu begraben, wäre gestern noch unvorstellbar gewesen, heute jedoch musste es sein. Da kein Sarg zur Verfügung stand, wickelten die Schrötkes Brigitte und Siggi in Bettlaken und schleppten sie auf den Rasen links und rechts neben dem Grab. Es würde eine Art muslimische Bestattung werden. Etwas ratlos standen die drei um sie herum. Schließlich sagte Peter: »Nun, ein Pfarrer wird nicht kommen. Ich weiß auch nicht, was jetzt angebracht ist. Ich sage einfach: Brigitte und Siggi, es tut uns leid, dass es so gekommen ist, wie es gekommen ist.

Und es tut mir auch leid, es geht nicht anders. Aber wir müssen euch einfach in Grab fallen lassen. Sargträger gibt es nicht.«

Peter trat neben das weiße Bündel, in das Brigitte eingewickelt war. Er packte es an der Seite und drehte es Richtung Grab. Als er den Schwerpunkt überwunden hatte, drehte es sich selbstständig weiter, kippte um und der Körper fiel ins Grab. Unten kam er mit einem dumpfen Plopp an. Wie Brigitte nun dort lag, ließ sich nicht sagen, ob auf dem Rücken, dem Bauch oder der Seite. Doch Peter wollte nicht nach unten steigen und sie eventuell in die *richtige* Stellung drehen.

Marga und Saskia sahen nach dem hörbaren Aufprall vorsichtig zu Peter herüber. Sie hatten sich, als er begann, die Leiche in Richtung des Grabs zu drehen, ängstlich abgewandt. Peter schritt auf die andere Seite und packte Siggi, und bevor er die Leiche umkippte, drehten sich die Frauen wieder weg.

Nochmals das dumpfe Plopp. »Jetzt ist Siggis Leichensack ein Stück weit über dem von Brigitte gelandet«, verkündete Peter. »Wollt ihr euch das mal ansehen?«

»Nein«, entgegnete Marga. »Ich kann mir das nicht angucken. Schaufel sie zu.«

»Aber sollen wir sie so liegen lassen?« Peter war sich unschlüssig.

»Klar. Denen ist es egal und uns kann es auch egal sein. Das ist doch sowieso nur eine provisorische Bestattung, hast du selbst gesagt.«

Das leuchtete Peter ein, zumal er auch nicht gerne in das Grab gestiegen wäre und an den Leichen herumgezerrt hätte. Er begann also, Erde über sie zu schaufeln. Nachdem von den Leichensäcken nichts mehr zu sehen war, halfen auch Marga und Saskia, das Grab aufzufüllen. Peter sprang immer wieder mal hinein, um die Erde zu verdichten. Als die ungewohnte Arbeit abgeschlossen war, überragte ein länglicher Hügel den Rasen.

»Gar nicht mal so schlecht«, meinte Saskia. »Für Hobby-Bestatter haben wir das doch ganz gut hingekriegt. Fehlt nur noch ein Kreuz.« Vater und Mutter sahen sie zuerst verblüfft an, dann lachten beide los und Saskia stimmte kurz darauf ein. Die Anspannung, die über der surrealen Situation gelegen hatte, löste sich dadurch, zumindest ein Stück weit.

»Nun habe ich aber Hunger«, verkündete die Tochter, nachdem sich alle beruhigt hatten.

Die Familie ging nach Hause. Die Mutter backte Pfannkuchen aus ihren Vorräten, dazu gab es Zimt, Zucker, Marmelade und ein Glas Apfelmus.

»Wie soll es denn jetzt weitergehen?«, fragte Saskia.

»Ich denke, wir sollten so viele Leute wie möglich beerdigen«, überlegte Peter.

»Und wir müssen uns ums Essen kümmern«, ergänzte Marga.

Die Pfannkuchen, wenn auch ein einfaches Gericht, schmeckten ausgezeichnet. Derweil beratschlagten die drei Überlebenden. Peter suchte nach einer Alternative zum anstrengenden Ausheben der Gräber. Auf einem Grundstück in der Nähe sollte gerade ein Anbau an das Haus vorgenommen werden. Dort stand ein kleiner Bagger, den wollte Peter versuchen, in Gang zu setzen.

»Trotzdem, wir können nicht ganz Berlin beerdigen. So gut wie alle werden verwesen«, überlegte Peter. »Es wird einen fürchterlichen Gestank geben. Wir müssen aber versuchen, so schnell wie möglich so viele Leute wie möglich unter die Erde zu bekommen.« Falls das mit dem Bagger klappte, wollte er ein Massengrab auf dem ›Dorfanger‹ ausheben. So nannten die Anwohner eine Freifläche nicht weit weg von ihrem Haus. Frau und Tochter stimmten zu.

Marga schlug indessen vor, Lebensmittel aus den Nachbarwohnungen zu holen. Ganz schlecht war der Stromausfall. Nirgends funktionierte mehr ein Kühlschrank, außer bei den Photovoltaikbesitzern, und das waren zum

Glück einige. Sie müssten in die Wohnungen einbrechen, einerseits um die Leichen zu bergen, andererseits um sich mit den Lebensmittelvorräten der Verstorbenen zu versorgen. Das war makaber, aber notwendig. Einen Teil der verderblichen Sachen konnten sie im eigenen Kühlschrank und in der Tiefkühltruhe konservieren, dennoch würde vieles einfach verderben. Besser war es zum Beispiel mit Mehl, Zucker, Reis, Linsen, die nicht verdarb. Auch Kartoffel, Äpfel und Möhren würden eine Weile halten. Noch günstiger waren Konserven, die in der Regel viel länger als das angegebene Mindesthaltbarkeitsdatum hielten. Um das Essen in den nächsten vier, fünf Jahre mussten sie sich keine Sorgen machen.

Nur mit dem Trinkwasser war es nicht so einfach, aus dem Wasserhahn kam kein Tropfen mehr. Wasser mussten sie jetzt mit Gießkannen aus den Pfuhlen holen, die zum Glück nicht weit weg waren. Das Wasser filterten sie und kochten es ab. Duschen und Baden ging nun nicht mehr, die Familie konnte sich aber wenigstens waschen.

Ein weiteres Projekt war, nach weiteren Überlebenden zu suchen. Peter schlug vor, wenn das Gröbste erledigt sei, mit den Rädern die Umgebung abzufahren und nach irgendetwas Ausschau zu halten, was darauf hindeuten könnte, Rauch, Geräusche oder vielleicht sogar einen herumlaufender Mensch. Er wollte zudem versuchen, irgendwo ein Funkgerät zu bekommen. Dann könnte er in den Äther lauschen, denn andere Überlebende würden sicherlich auf die gleiche Idee kommen.

*

Die Tage verstrichen. Mit viel Glück und Tüftelei war es Peter Schrötke gelungen, den Bagger in Betrieb zu setzen. Glücklicherweise hatte der Arbeiter den Schlüssel im Haus des Bauherrn hinterlegt, wo sie sowieso wegen der Leichen und wegen der Lebensmittel einbrechen mussten. Es war zur Routine geworden, mit einem Vorschlaghammer die Eingangstür zu zertrümmern, nach Toten zu sehen, sie rauszuzerren.

Alles stand den Schrötkes zur Verfügung. In den meisten Wohnungen fanden sie Fahrzeugschlüssel und konnten die Autos benutzen. War der Tank leer, nahmen sie das nächste.

Einen Pickup beluden sie mit den Leichen und fuhren sie zum Dorfanger. Dort hatte Peter ein Areal von zwanzig mal zwanzig Metern drei Meter tief ausgeschachtet. ›Nun bin ich nicht nur Amateur-Bestatter‹, sagte sich der Professor, ›ich bin sogar auch noch Amateur-Baggerfahrer.‹ Er war aber heilfroh, dieses Gerät zu haben und damit umgehen zu können.

Die Grube füllten Peter, Marga und Saskia tapfer, Tag für Tag, mit Dutzenden von Leichen. So ungewohnt und eigentlich widerlich die Arbeit war, sie war notwendig, und sie arrangierten sich damit. »Ja, sogar daran kann man sich gewöhnen«, äußerte Marga beim Abendessen. »Das hätte ich nie gedacht.« Sie packten die Verstorbenen noch immer in Laken, aber mit den Leichen gingen sie nicht zimperlich um. Peter fuhr mit dem Pickup bis zum Grubenrand und warf sie eine nach der anderen in die Tiefe, dann stieg er hinunter und zerrte sie zurecht, sodass sie einigermaßen nebeneinander lagen.

Am Anfang war ihm diese Arbeit schwer gefallen. Den Schrötkes waren die Nachbarn mehr oder weniger vertraut und die, die weiter weg wohnten, kannten sie zumindest vom Sehen, vom Einkauf beim Bäcker oder wenn sie ihre Hunde ausführten. Man hatte sich gegrüßt, man hatte sich

›einen schönen Tag noch‹ gewünscht. Jetzt war es jedes Mal wie ein Abschied für immer.

Bei den Menschen der umliegenden Straßen traf das immer weniger zu. Bei einem Verstorbenen sagte sich Peter Schrötke: ›Das ist doch der Heinzle.‹ Als er ihn genauer betrachtete, war er sich sicher, dass das der Mann war, mit dem zusammen er versucht hatte, den Breitwegerich abzuflämmen, der, der den Sturm der Entrüstung gegen ihn aufgebracht hatte. Doch er sah es ihm nach.

Dreißig bis vierzig Leichen schafften sie an einem Tag. Nach einer Woche hatten sie ihre Straße und die beiden Parallelstraßen bereinigt. Etliche Haustiere hatten sie gefunden und frei gelassen, die mussten sich um sich selbst kümmern. Ein weiteres Tier neben Störtebeker wollten sie nicht aufnehmen.

Nach zwei Wochen war die Grube in der untersten Schicht mit knapp fünfhundert menschlichen Körpern belegt. Inzwischen hatte Peter eine Planierraupe entdeckt und in Gang gesetzt, damit schob er eine Erdschicht in die Grube und verteilte sie teilweise mit der Hand. Es wäre ihm merkwürdig vorgekommen, die Leichen einfach übereinander zu legen. So geschuftet hatte er schon Jahre nicht mehr.

Die Arbeit tat allen gut, alle in der Familie hatten das Gefühl, sie wären vielleicht durchgedreht, hätten sie nichts zu tun gehabt. Alle litten darunter, dass wahrscheinlich alle Verwandten, Kolleginnen und Kollegen tot waren, mit denen sie zum Teil ein sehr freundschaftliches, vertrauliches Verhältnis hatten. Für Saskia kam hinzu, dass ihre Freunde alle weg waren, auch ihre beste Freundin Susi war tot. Ihre Lieblingslehrerin Verena Müller war tot, bei der sie Musikunterricht gehabt hatte. Natürlich wollte sie in deren Wohnungen nachsehen, auch bei vielen Klassenkameraden, traute sich nicht hinein. Sie bat ihre Eltern, das zu tun, und die mussten ihr jedes Mal das Schlimmste bestätigen. Immer wieder brach Saskia in Tränen aus.

Alle verblüffte, dass bisher war keinerlei Verwesungsgeruch aufgetreten war. Woran konnte das liegen? Auch nach einem Monat sahen die Leichen aus wie frisch verstorben. Hatte das Kohlenmonoxid konservierende Eigenschaften? Wie dem auch sei, Familie Schrötke war es recht. Der Gestank hätte ihre Arbeit unerträglich gemacht, und vielleicht hätten sie sie eingestellt.

*

Ein Tag löste den anderen ab. Die Schrötkes lebten ein Leben im Ausnahmezustand, mussten sich einfügen in die surreale Situation, in eine Welt, die sie sich nicht hatten vorstellen können. Sie hatten überlebt und sie wollten weiterleben. Bisher war es zumindest nicht schwierig, die Grundbedürfnisse zu befriedigen.

Bezüglich der Lebensmittelversorgung hatte Peter Schrötke schon in den ersten Tagen eine gute Idee gehabt. Mit einem Landrover verschaffte er sich Zugang in die Supermärkte Edeka, Lidl, Rewe und Aldi. Mit dem Bullenfänger, dem stabilen Gitter vor der Motorhaube, krachte er durch die Eingangstür, danach konnten sie sich mit allem bedienen, was ihr Herz begehrte. Der Inhalt der Tiefkühltruhen wäre allerdings bald vergammelt, hätte Peter nicht noch einen Geistesblitz gehabt. Mit der gleichen Technik drang er in einige Baumärkte ein und entwendete er Notstromaggregate. Mit ihnen betrieb er die Tiefkühltruhen in den Supermärkten. Nun musste er alle paar Tage eine Runde drehen und die Tanks auffüllen.

Die Benzinbeschaffung war ebenfalls leichter geworden. Mittels eines Stromaggregats konnte Schrötke eine Tankstelle mit Strom versorgen und fand heraus, wie die Zapfsäulen in den Betriebszustand zu setzen waren. Jetzt konnte er ganz *normal* tanken, nur bezahlen musste er nicht.

Tag für Tag zog vorüber. Die Ausnahmesituation war zum Alltag geworden. Die Tage waren erträglich, erträglich durch das, was zu tun war.

Nachts jedoch kamen die Ängste, nachts kam die Trauer, nachts kam die Verzweiflung. Es kamen die Träume und die Albträume. Immer wieder kroch Saskia ins Bett der Eltern, was sie sich mit Beginn der Schulzeit abgewöhnt hatte.

Am Morgen verblassten die Gespenster. Vater, Mutter und Tochter Schrötke wussten nicht, wieso sie davongekommen waren, und sie wollten weiterleben. Der Alltag stellte Anforderungen, und die Familie stellte sich den Aufgaben.

42 Maßnahmen

Wir, der *smarte* Breitwegerich, hatten unser Ziel erreicht. Wir hatten den Planten Erde von seinem größten Schädling befreit. Die organisierte und koordinierte Aktion des Kampf-Plantago hatte vor fast jedem menschlichen Gesicht etwa drei Liter Stickstoff in Kohlenmonoxid umgewandelt. Dieser Bolus wäre ausreichend gewesen für sechs Atemzüge, die meisten Menschen verstarben aber beim ersten Atemzug, mehr als zwei nahm niemand zu sich. Sie schliefen friedlich, schmerz- und stressfrei ein, wie wir es im Urteil versprochen hatten.

Niemand, von dem wir es nicht wollten, entging seinem Schicksal. Viele versuchten, die Luft anzuhalten. Der Kampf-Breitwegerich konnte aber die wenigen Minuten das CO-Depot vor Mund und Nase des Menschen halten, bis er einatmen musste. Einige begannen, am Vollstreckungszeitpunkt zu rennen, Rad, Moped oder Auto zu fahren, weil sie hofften, durch die Bewegung dem Gas zu entgehen. Aber unser Plantago militaris ließ die Giftwolke mitschweben.

Die Leute, die Sauerstoffflaschen oder -konzentratoren benutzten, machten es uns besonders leicht. Wir entnahmen dem O_2-Molekül ein Helium-Atom, sodass sie statt Sauerstoff ein He-CO-Gemisch einatmeten. Auch sie überlebten den ersten Atemzug davon nicht.

Ähnlich ging es den U-Boot-Flüchtlingen. Immerhin erreichten sie einige Stunden Aufschub bis zum Auftauchen. Wir beobachteten und kontrollierten jede ihrer Bewegungen. Sie waren guter Dinge und dachten, ihr Trick habe funktioniert. Doch als sie von Bord gingen, sackten sie, tödlich getroffen, zusammen.

Wir, der *smarte* Breitwegerich, hatten vor, mit unseren Quännern den Platz der Menschen einzunehmen. Wir wollten ihre Gebäude und Geräte benutzen. Fahrzeuge,

Schiffe und U-Boote würden wir gebrauchen können, warum sollten wir auch nur auf ein einziges davon verzichten? Nur der Mensch war verdreht genug, Gebiete, die er erobern und besetzen wollte, erst einmal in einem Krieg in Schutt und Asche zu legen. So geschehen im letzten größeren Krieg Russlands gegen die Ukraine. Er hatte nicht nur katastrophale Auswirkungen auf Menschen und Gebäude, sondern insbesonderau auch für die Umwelt. Dass dies der letzte Krieg auf der Erde blieb, hatten wir als *Kollateralvorteil* mit erreicht.

Auch Busfahrern, Zugführern und Leuten, die mit Auto oder Motorrad unterwegs waren, gewährten wir diese kleine Galgenfrist bis zum Ende ihrer Fahrt. Bei Piloten, die in der Luft waren, gingen wir ebenso vor, obwohl wir nicht fliegen konnten. Kraftfahrzeug- und Schifffahrt war uns nach einigen Versuchen geläufig. Wir hatten Fahrer- und Skipper-Quänner in ausreichender Zahl wachsen lassen. Doch alle Flugversuche scheiterten. Dazu fehlten uns Fähigkeiten des Menschen, die wir noch nicht nachahmen konnten. Das hing insbesondere mit dem Gleichgewichtssinn und der Reaktionsfähigkeit zusammen. Genau so ging es uns mit Fahrrad- und Motorradfahren.

Elon Musk beendete seinen dreitägigen Orbitalflug. Er und seine Mannschaft verstarben nach der Landung, auch seine halbe Billion Dollar Privatvermögen konnte ihn nicht retten.

Bei den Forschern in der Arktis und Antarktis riss die Kommunikation zu den Leitstellen ab, sämtlicher Nachschub blieb aus. Ihnen blieb nichts anderes übrig, als sich auf den Weg zum Festland zu machen. Dort empfing sie unsere Kohlenmonoxid-Dusche. So hatten sie uns, ohne es zu wissen, ihre Schiffe überlassen.

Mit Beseitigung der Menschheit ging unsere eigentliche Aktivität erst los. Wir hatten bestimmte Ziele. Dazu mussten wir die Quänner stark vermehren. In entlegenen Gebieten wuchsen sie ein halbes Jahr vor der gewährten Schonfrist in großer Zahl, in den Gegenden nahe bei besiedelten Gebieten keimten sie drei Monate vorher. Sofort nach Vollstreckung strömten sie in die Wohngebiete der Menschen, bis dahin blieben sie unentdeckt. Jedes einzelne Individuum, sowohl der Männer wie auch der Quänner hatten wir unter Beobachtung, Frauen und Kinder natürlich ebenso.

Kam es zu Annäherungen, wurde der Kampf-Breitwegerich aktiviert, der das menschliche Wesen mittels Lachgas kurzfristig in Narkose legte. Die Leute meinten, einen Schwächeanfall gehabt zu haben. Waren mehrere gemeinsam unterwegs, wie Wandergruppen, versuchten wir, das zu vermeiden. Manchmal rätselten die Teilnehmer herum, wieso sie alle gleichzeitig so müde werden konnten.

Die Quänner strömten also in Dörfer und Städte. Sie ließen zunächst alle Haus- und Nutztiere frei und wilderten Zimmerpflanzen aus. Kaum jemand hatte den Appell, das zu tun, befolgt, weder die Bevölkerung noch die Zoobetreiber. Wir hatten die Quänner selbst weiter verbessert, indem wir ihnen eine geschlossene Oberfläche gaben, nicht mehr das Topfschrubber-artige Geflecht. Sie war zwar immer noch grün, ähnelte aber einer Echsenhaut. Und sie hatte auch deren Schutzfunktion: Sie erschwerte das Eindringen schädlicher Substanzen oder Mikroorganismen ins Innere der Quännerkörper.

Dann kam das Problem mit den Leichen. Wir, der *smarte* Breitwegerich, hätten sie dort liegen lassen können, wo sie lagen. Doch sollten wir unseren künftigen Lebensraum mit verendeten Lebewesen teilen? Bislang hatte das Plantagowesen als Gesamtheit die korrekte, plausible und vernünftige Strategie festgelegt, aber mit Ausprägung der Quänner gab es unter den Plantago-Typen eben auch Individuen mit eigenen Meinungen, die aus ihrer, wenn auch kurzen, Lebenserfahrung resultierte.

*

Was ich am Anfang wahrnahm, war eine Ahnung. Ich ahnte, dass ich da bin. Ich spürte mich selbst und ich spürte, dass andere wie ich um mich herum waren. Und gleichzeitig spürte ich mich mit denen um mich herum als eine Einheit. Ich war ich und ich war wir zugleich. Und ich fühlte mich gut, fühlte mich geborgen, wir fühlten uns gut und geborgen.

So hatte unsere Geschichte begonnen, die Geschichte des *smarten* Breitwegerichs. Wir entwickelten uns, wir bildeten verschiedene Formen aus. Das waren:

- der *smarte* Urbreitwegerich, die Filzmoos-Mariendorf-Kreuzung;
- der Magen-Augen-Breitwegerich mit den Wurzelfüßen, *Plantago stomatoopticus*. Er kann Nahrung und Flüssigkeit zu sich nehmen, sehen und sich bewegen;
- der mobile Zwerg-Breitwegerich, *Plantago pumilionum* zur erneuten Weltbesiedlung;
- *Plantago sapiens*, der kleine, kluge Breitwegerich;
- der Topfreiniger-Breitwegerich mit Hirn, Nerven, Verdauungstrakt und Kreislauf, *Plantogo rascador*;
- der Gentest-Breitwegerich, ein ›Hilfsbreitwegerich‹, der sehr schnell keimt und unsere Weiterentwicklung beschleunigte;
- der Kampfbreitwegerich *Plantago militaris*, der Gase und andere Stoffe an beliebigen Orten herstellen kann;
- der *Plantago erectus*, ein aufrechter Typ in Menschenform- und -größe, weiterentwickelt zum
- *Quann*;
- der Vermittler-Plantago, *P. medius*.

Dieser nahm immer mehr die Form der Quänner an. Im Gegensatz zu ihnen kann er sich aber mit riesigen *Füßen* schnell in der Erde verwurzeln und damit den Kontakt zur Breitwegerich-Gemeinschaft herstellen. Andererseits pflegt er über Telekommunikation den Kontakt zu den Quännern. Er bekommt seine ›Büros‹ meist auf Waldböden oder in Parks in Form stabiler Zelte errichtet und ist umgeben von modernster Hightech-Nachrichtentechnik. Die Informationsverarbeitung war ähnlich aufgebaut wie bei Chat-GPT. Aus dem riesigen Datenpool suchen lernfähige Algorithmen die richtigen Antworten zusammen. Nur nannten wir, der *smarte* Breitwegerich, unser System nicht ChatGPT, sondern, ebenfalls vom Englischen abgeleitet, AskPO. *Ask*, fragen, statt *chat*, plaudern. Die Abkürzung GPT hielten wir für unpassend. Sie stand für **G**enerative **P**re-trained **T**ransformer – erzeugender vortrainierter Umwandler. Wir wählten, ganz bescheiden, **PO** für **P**lantago **O**mniscient – Breitwegerisch-Allwissen.

Gegen Liegen- und Verrottenlassen erhoben sich Stimmen. Die Leichen sollten besser gesammelt und dann in Müllverbrennungsanlagen beseitigt werden, wie es die Menschen mit ihrem Müll gemacht hatten. Jetzt waren sie selbst Abfall. Gegenstimmen kamen gegen diese massive Umweltbelastung auf. Verwesen ist ein natürlicher Vorgang. Die aufgelösten Organe, Gewebe und Zellen, die Moleküle daraus, werden der Natur wieder zugeführt, aus der sie stammten. Die Menschen, die wir überleben ließen, hatten überall, auf allen Kontinenten, damit begonnen, die Toten in ihrer Umgebung zu bestatten.

Wie bei Menschen gab es nun Diskussionen, Argumentieren und schließlich Entscheidungen. Beschlossen wurde die Bestattung, aber bis dahin würde der Verwesungsprozess einsetzen. Unsere einfache Maßnahme dagegen war, dass der Kampf-Breitwegerich die Leichen mit einer dünnen Schicht aus reinem Stickstoff umhüllte. Die Verwesungsbakterien wurden dadurch in ihrer Entwicklung erheblich gebremst. Die Leichen lagen in einer Hülle ›Schutzgas‹, wie es die menschliche Rasse auch bei verderblichen Lebensmitteln verwendet hatte. So hatten wir Zeit gewonnen. Mit unseren Maßnahmen – Leichen bergen, Tiere und Pflanzen retten – wollten wir nach wie vor nicht auffallen bei den wenigen Überlebenden. Wir arbeiteten im Verborgenen.

Um unsere Ziele zu erreichen, benötigten wir Strom-, Energie- und Wasserversorgung sowie Telekommunikation und Internet. Wir arbeiteten daran. Wie beim Autofahren hatten wir Erfolge, Misserfolge und Rückschläge. Doch wir verwirklichten unsere Vorhaben.

Bei fließendem Wasser und Bereitstellung des Stroms war uns klar, dass die Überlebenden aufmerksam wurden, aber die nächste Maßnahme stand sowieso an.

Für das Zulassen von Überlebenden hatten wir, der *smarte* Breitwegerich, unsere guten Gründe.

43 Neuer Alltag

Ein Vierteljahr war seit der Wende vergangen; die Ausgesuchten nannten sie ›Apokalypse‹.

Peter Schrötke hatte ein Funkgerät beschafft, doch er empfing nichts damit.

Das Massengrab auf dem Dorfanger war mit etwa zweitausendfünfhundert Leichen befüllt, sie lagen in fünf Schichten übereinander, jeweils durch eine dünne Erdschicht getrennt. Marga hatte eine Kladde angelegt, in die sie säuberlich alle Namen der Verstorbenen eintrug. In einer Kiste sammelte sie außerdem alle Personalunterlagen, die sie in den Wohnungen finden konnte.

»Wieso machst du das«, fragte ihre Tochter.

»Weiß auch nicht«, antwortete die Mutter. »Irgendwie finde ich's wichtig. Wer weiß, was noch kommt. So können wir wenigstens angeben, wen wir unter die Erde gebracht haben.«

»Und wer soll danach fragen?«

»Wie gesagt, ich weiß es nicht«, war die Antwort. »Ich habe das Gefühl, ich muss das machen. Die Geschichte ist irgendwie noch nicht zu Ende.«

Immer wieder entspannten sich Diskussionen zur Bewertung der ganzen Situation. Es hatte das Todesurteil gegeben, die Strafe dafür, dass der Mensch die Umwelt zerstört hatte und im Begriff war, die Natur nachhaltig zu schädigen. Eine intelligente Lebensform hatte sich entwickelt, und zwar aus einem mutierten Breitwegerich. Der Breitwegerich hatte sein Ziel erreicht, der Schädling Mensch war ausgelöscht, wahrscheinlich weltweit, wie von ihm angekündigt. Eine Familie hatte er überleben lassen, zumindest eine. Der Grund blieb rätselhaft. Peter meinte, der Plantago wollte ihn schützen, schon damals, als er angegriffen wurde. Vielleicht war es eine Art Dankbarkeit, weil er den Breitwegerich aus Filzmoos eingeführt und damit die Mutation oder Kreuzung ermöglicht hatte.

Saskia fand die Handlung des Plantago in jedem Punkt richtig. Der Mensch hatte sich vergangen an der Natur und gehörte ausgelöscht. Ob sie glücklich sein sollte, dass sie noch lebte, darüber war sie sich nicht im Klaren, sie war doch auch ein Schädling. Gut, sie hatte zusammen mit ihren Eltern schon sehr darauf geachtet, den eigenen ökologischen Fußabdruck so gering wie möglich zu halten. Ihr Leben, die Form ihres Lebens in der bestehenden Gesellschaft, ließ es kaum zu, sich vollkommen unschädlich zu verhalten.

Die Eltern stimmten zu, aber nur zum Teil. Die Menschheit war gerade im Begriff gewesen, sich umzustellen, klimaneutral zu leben, die Umwelt zu schützen und die Artenvielfalt zu erhalten.

Der Winter war angebrochen. Das Gas war nach ein paar Tagen ausgeblieben, wahrscheinlich kam anfangs nur das, was noch in den Rohren und Leitungen vorhanden war. Bei der Familie wurde nur das Wohnzimmer beheizt, in dem der Kamin stand. Holz gab es in der Umgebung in Hülle und Fülle, kein Hahn krähte danach, wenn Peter das Mobiliar aus den Häusern der Umgebung zerhackte.

Das Leben hatte sich für die überlebende Familie Schrötke normalisiert, irgendwie. Die Eltern waren der Meinung, was auch immer kommen werde, Saskia müsste ihre Ausbildung fortsetzen, sie stand kurz vor dem Abitur. Lehrstoff in Form von Büchern fand sie in der verlassenen Schule, Internet-Recherche war allerdings nicht mehr möglich. Was ihr an Informationen fehlte, besorgte sie sich in der Zentralbibliothek Tempelhof. Saskia hätte selbst nicht gedacht, dass sie einmal freiwillig, und dann auch noch mit einem solchen Eifer, lernen würde.

Das Funkgerät blieb weiter stumm. Die Familie hatte die Bestattungen aufgegeben, stattdessen fuhr sie Streife. Mit den entwendeten PKWs suchten sie die Straßen ab, in der

Hoffnung, irgendwo ein Lebenszeichen zu entdecken. Saskia war neugierig und besuchte den Zoo. Der war leer, in keinem Käfig befand sich ein Tier. Der Direktor und die Angestellten mussten also die Aufforderung des Breitwegerichs befolgt und die Tiere freigelassen haben. Nur wohin hatten sie die Tiere geschafft? Waren sie noch in ihre natürliche Umgebung gebracht worden oder konnte man jetzt in Berlin Löwen, Tigern und Braunbären begegnen? Es würde auf keinen Fall nicht schaden, vorsichtig zu sein.

Extrem verblüfft war Saskia im Aquarium, wo sich Fische, Seepferdchen, Polypen und Wasserschildkröten tummelten. Automatische Notstromversorgung mochte die Heizungen versorgen, doch wer fütterte die Tiere? Als sie ihren Eltern diese Frage stellte, konnten sie ihr nicht weiterhelfen, sie konnten aber auch mit ungewöhnlichen Entdeckungen aufwarten. Bei ihrer täglichen Rundfahrt waren sie weiter in Wohnungen eingedrungen, einerseits um nach Überlebenden zu schauen, andererseits nach Lebensmitteln. An diesem Tag hatten sie keine einzige Leiche mehr gefunden, zum ersten Mal nach nunmehr einem halben Jahr. Es ging auf das Frühjahr zu. Anfangs hatten sie fast in jeder Bleibe Tote entdeckt, dann fanden sie immer wieder auch leere Wohnungen. Kein einziger Verstorbener, das war noch nicht vorgekommen.

Am Abend rätselten alle Schrötkes über die Bedeutung der Entdeckungen. Konnten automatisierte Fütterungsanlagen und Notstromaggregate im Aquarium so lange funktionieren? Wieso hatte es nirgends Verwesungsgeruch gegeben? Gab es doch weitere Überlebende, die sie noch nicht entdeckt hatten – die sich ebenfalls der Bestattungen angenommen hatten? Keine der Erklärung war wirklich schlüssig.

Am nächsten Morgen gab es plötzlich wieder Strom und Gas und das Leitungswasser lief.

»Was ist denn jetzt passiert?«, wunderte sich Marga Schrötke. Niemand hatte eine Antwort. Praktisch veranlagt, wie sie war, sagte Saskia sofort: »Ich probiere mal, ob das Internet geht«. Sie schaltete den Computer an, der Router war aktiv, es kam aber keine Verbindung zustande.

»Ich glaube, das Internet ist zweitrangig«, vermutete ihr Vater. »Ich habe das Gefühl, irgendetwas kommt auf uns zu. Irgendetwas ist da passiert. «

»Strom ist da, Wasser ist da«, überlegte er weiter. »Strom bekommen wir über Stromnetz Berlin, Wasser über die Berliner Wasserbetriebe und das Gas über die GASAG. Dort müssen also wieder Leute arbeiten. Aber verdammt noch mal, wo ist denn das Elektrizitätswerk, das uns mit Strom versorgt? Und wo ist *unser* Gaswerk? Und *unser* Wasserwerk?«

»Keine Ahnung«, mussten Frau und Tochter zugeben.

»Gut, dann weiß ich schon, was wir heute machen«, schlug Peter Schrötke vor. »Wir brechen mal wieder in die Zentralbibliothek ein. Da wer'n wir finden, was wir suchen. Und spätestens morgen fahren wir zum E-Werk und zum Wasserwerk und zur GASAG. Vielleicht sogar schon heute. Und dann kriegen wir raus, was da los ist. Da muss jemand sein. Eh, ihr zwei, wir sind nicht mehr allein!«

Das zuständige Umspannwerk für Mariendorf fand sich in der Germaniastraße 138, nicht mal vier Kilometer entfernt. Unmöglich war es allerdings, Einzelheiten und konkrete Adressen für die Anlagen der Gas- und Wasserversorgung herauszubekommen. »Das ist ja ganz schön frustrierend«, gestand sich Peter Schrötke ein. »Da benutzt man die Sachen Tag für Tag und hat nicht den Schimmer von einer Ahnung, wo letztendlich alles herkommt. Na ja, man hatte sie benutzt, muss man ja sagen. Nach der Apokalypse ging ja gar nichts mehr. Aber wem sag' ich das? Vielleicht bleibt's jetzt wieder bei der ständigen Lieferung. Schön wär's auf jeden Fall.«

»Komm, wir lassen die Sucherei«, schlug Marga vor. »Das Umspannwerk wissen wir ja jetzt, damit müssen wir uns halt begnügen. Da wird schon jemand sein, wenn es wieder arbeitet.«

Am Morgen waren alle sehr früh wach und aufgeregt. Spannungsgeladen, passend zu dem Ort, den sie aufsuchen wollten, machte sich Familie Schrötke auf den Weg. Das Umspannwerk lag etwas zurückgesetzt auf einem Kleinindustriegelände in der Nähe der A 100. Es war ein fast würfelförmiger Kasten, mit gelblichen und bräunlichen Klinkerfliesen verkleidet. Sämtliche Türen waren ordentlich verschlossen, aber drinnen liefen die Apparaturen, das konnte man durch die Fenster sehen. Kontrolllämpchen blinkten. Allerdings waren keine Menschenseele oder irgendwelche anderen Wesen zu sehen, niemand öffnete nach dem Hämmern gegen die Türen. Ein Fenster einzuschlagen und gewaltsam einzudringen wie in Supermärkte und all die vielen Wohnungen zuvor trauten sich die Schrötkes nicht. Wer weiß, wie die *neuen Betreiber* das aufgefasst und wie sie reagiert hätten.

»Gut, wir wissen, der Laden läuft«, stellte Peter Schrötke schließlich fest. »Aber mehr unternehmen wir erst einmal nicht. Wir kommen einfach in ein paar Stunden wieder, oder morgen.«

»Ja«, lachte Marga leise und sagte: »anscheinend ist hier im Moment niemand zu Hause. Also lasst uns fahren.«

»Können wir machen«, stimmte ihr Mann zu. »Ich geh aber grad noch mal um die Halle da.«

Ohne viel zu erwarten umrundete er das Gebäude und lugte ab und zu in die Fenster hinein. Als er um eine Ecke trat, prallte er mit einem Mann zusammen. Der Zusammenstoß war nicht sonderlich heftig. Peter Schrötke wich zurück, stolperte über eine Bodenunebenheit und landete auf dem Gesäß. Auch der Fremde wich erschrocken zurück. Nach einer kurzen Schockstarre ging er auf Peter zu und streckte die Hand aus. Dieser ergriff sie und ließ sich hochhelfen.

»Das ist ja jetzt eine echte Überraschung«, stellte der Mann fest. »Hab mit einigem gerechnet, aber nicht mit einem andern Menschen, nicht mehr. Hatte die Hoffnung so gut wie aufgegeben.«

»Ging mir genauso«, sagte Peter. »Irgendwie hatten wir gehofft, es könnte noch andere Überlebende geben. Aber sicher waren wir uns nicht.«

»Kann es sein, dass Sie Peter Schrötke sind?«, fragte der andere.

»Ja, der bin ich. Woher wissen Sie das?«

»Sie waren ja oft genug in den Nachrichten zu sehen.« Peter wurde ganz anders zumute. Was, wenn der ihn jetzt auch für den Schuldigen an der ganzen Misere hielt?

»Den Quatsch, dass Sie uns den Breitwegerich auf den Hals gehetzt haben, habe ich nie geglaubt«, entkräftete der Fremde von sich aus Peters Befürchtungen.

Die beiden Männer hielten sich nicht mehr lange hinter der Halle auf, Peter brachte den Mann zum Wagen. Marga und Saskia waren über die Motorhaube gebeugt. Sie studierten den alten Falkplan, um einen Hinweis zum Wasser- oder Gaswerk zu finden. Google-Maps gab es ja nicht mehr.

»Überraschung!« rief Peter und ärgerte sich schon in diesem Moment, dass ihm nichts besseres einfiel. Solch ein abgedroschenes Wort war der Situation wirklich nicht angemessen. Dennoch freute er sich über die verblüfften Gesichter, als die Frauen aufblickten. Beide zuckten im ersten Moment zurück, wollten nicht glauben, was sie sahen. Nur zu gerne hätte Peter diesen Moment als Schnappschuss festgehalten.

Der Schreckmoment war allerdings sehr kurz, die Überraschung schlug schnell um in pure Freude.

*

Es wurde ein kurzweiliger Nachmittag und ein langer Abend. Die Schrötkes fuhren mit dem neuen Bekannten zu ihm nach Hause. Er stellte sich als Bernhard Scharnik vor, Physiker am Institut für Optik und Atomare Physik der Technischen Universität Berlin, abgekürzt IOAP. Mit seiner Familie lebte er in Kreuzberg in der Nähe der Hasenheide. Oft besuchte er dort den Rixdorfer Teich und freute sich noch immer über die schöne Stimmung, die auf dem 125 Meter langen Steg herrschte, obwohl es ihn seit einem Vierteljahrhundert gibt. Auch seine Familie hatte überlebt, Gattin Anja und die beiden Söhne Matthes und Michael, zudem Schwiegertochter Manya und Enkelin Anke.

Nun waren sie also neun Überlebende, die hier beisammensaßen, erstmals nach sechs Monaten. Die Zeit war allen vorgekommen, als seien Jahre ins Land gezogen. Zunächst war es für alle befremdlich, andere Gesichter als die gewohnten um sich herum zu sehen, aber bald wich die Befangenheit zunehmender Begeisterung, nicht mehr alleine zu sein.

Man tauschte sich lange aus, wie man den Tag der Vollstreckung verlebt hatte, wie man sich wunderte, noch zu leben, wie man Tote beerdigte und Lebensmittel organisierte, über den schmerzlichen Verlust von vertrauten Verwandten, Freunden und Kollegen, und wie man sich immer und immer wieder fragte, wieso man der Katastrophe entgangen war. Und wie man sich gewundert hatte, dass die Energieversorgung plötzlich wieder lief.

Bernhard Scharnik forschte inoffiziell an der Sub-String-Theorie, der Point-Theorie. Sie hatte nur indirekt mit seinem Beruf zu tun, war mehr ein Steckenpferd.

Nach dieser Theorie soll sich der ›String‹ aus Punkten oder ›Points‹ mit der Ausdehnung Null zusammensetzen, erläuterte er, jetzt ganz Physiker. Beim Urknall habe es eben nur diesen einen Punkt gegeben beziehungsweise unendlich viele dieser Punkte. Da aber alle die Ausdehnung Null hatten, ergab sich immer noch oder wieder ein Punkt mit der Ausdehnung Null.

»Irgendwann, aus welchem Grund auch immer, kommt es zu Erschütterungen zwischen diesen Punkten, ausgelöst durch diverse Bosonen und die sind auch wieder Ausprägungen der Points«, postulierte Bernhard. »Die Zustände der Points verändern sich und bilden Strings, Quarks, Atome und so weiter. Das passiert im Schneeballsystem. Und so entsteht beim Urknall aus einem Punkt plötzlich alles – das Universum.«

»Und wie heißen diese Bosonen?«, wollte Peter wissen. »Das ist ja eine ganz besondere Sorte.«

»Ist es auch«, bestätigte der Physiker. »Sie heißen natürlich Scharnik-Bosonen.« Er grinste dabei.

»Wirklich?«

»Sollte ein Scherz sein. So berühmt wie Higgs bin ich ja nicht.«

Peter Schrötke hatte noch ein paar Fragen; er hörte begeistert zu, war sich aber nicht sicher, ob er dieser Theorie folgen konnte. Marga und Saskia hingegen waren sich vollkommen sicher, dass sie ihr auf keinen Fall folgen konnten.

Weit nach Mitternacht trennten sich die beiden Familien. Morgen wollte man sich bei Schrötkes treffen und beraten, was man gemeinsam unternehmen könnte. Obwohl sie sich erst seit einigen Stunden kannten, lagen sie sich beim Abschied lang in den Armen und drückten sich kräftig. Alle Frauen brachen beinahe gleichzeitig in Tränen aus und auch die Männer hatten alle Mühe, sie zurückzuhalten.

44 Umsiedlung

Im Halbschlaf meinte Peter Schrötke, Motorenlärm zu hören. Zugleich mit der Verwunderung wurde er wacher und ihm dämmerte: Draußen waren wirklich Motorgeräusche, der typisch brummelnde Klang eines großen Dieselmotors. Im Schlafanzug stürzte Peter zum Fenster. Ein schwerer Militärtransporter stand vor dem Eingang. Sechs Soldaten sprangen heraus, alle mit Maschinenpistolen bewaffnet, und umstellten das Haus. Einer von ihnen drückte den Klingelknopf.

Marga und Saskia waren bereits vorher zum Fenster gekommen und starrten verwirrt nach draußen. »Was sollen wir machen?«, fragte Marga.

Vollkommen ungerührt antwortet ihre Tochter: »Wenn es klingelt, machen wir auf!«

Bevor die verblüfften Eltern sie hindern konnten, sprang sie zur Tür und öffnete sie.

»Familie Schrötke, treten Sie mit erhobenen Händen vor die Tür!« Der Befehl des Soldaten war eindeutig, und vorsichtig kamen sie der Aufforderung nach. Vor der Tür standen nun aufgereiht Vater, Mutter und Tochter.

»Familie Schrötke, Sie werden umgesiedelt«, verkündete der Soldat. Dabei hielt er seine MP geschultert, legte nicht auf sie an. Das war zumindest etwas beruhigend. Doch wozu hätte er drohen sollen? Sie hätten keine Chance gegen eine bewaffnete Übermacht gehabt.

»Sie haben jetzt die Gelegenheit, einige persönliche Dinge einzupacken. Ein Koffer ist pro Person gestattet. Für Nahrung, Kleidung und Unterkunft, unterwegs und an ihrem neuen Aufenthaltsort, wird gesorgt. In dieser Hinsicht benötigen Sie nichts.« Er deutete auf seine Kameraden. »Und denken Sie nicht an einen Fluchtversuch. Ihr Haus ist und bleibt umstellt«, warnte er und fügte nach einer kurzen Pause hinzu: »Sie dürfen jetzt Ihr Haus wieder betreten.«

»Und was ist mit Störtebeker?« Wieder verblüffte die Tochter mit dieser Frage ihre Eltern. Es hörte sich so selbstverständlich an in dieser außergewöhnlichen Situation.

Doch der Soldat antwortete ebenso selbstverständlich: »Haustiere dürfen Sie mitnehmen.«

Die Schrötkes sahen sich kurz an, drehten sich um und gingen zurück in ihr Haus, vielleicht zum letzten Mal in ihrem Leben. Denn sie sollten ›umgesiedelt‹ werden.

»Lasst uns fünf Minuten sitzen«, schlug Marga vor. »Das muss ich erst mal verdauen. Gestern andere Überlebende, und heute werden wir verhaftet!«

In der ersten Minute in den Wohnzimmersesseln sagte niemand ein Wort. »Die Haut ist grün«, brach Saskia das Schweigen. »Gesicht und Hände.«

»Wir haben es mit der *neuen Lebensform* zu tun«, stellte ihr Vater fest. »Mal sehen, was die mit uns vorhaben.«

»Umbringen werden sie uns nicht«, war sich Marga sehr sicher. »Sonst hätten sie uns ja nicht leben lassen müssen.«

»So ist es«, bestätigte Peter. »Sie werden's uns schon sagen. Sie kennen uns, kannten unsere Namen. Wussten, wer Störtebeker ist … Und jetzt machen wir, was er gesagt hat. Packen wir.«

Mit einem letzten Blick nach draußen sahen sie, dass die Soldaten beinahe unbeweglich jeder an seiner Stelle standen, das Gewehr bei Fuß. Die Uniform konnte von der Bundeswehr stammen. Doch die Hoheitsabzeichen waren abgetrennt. Nicht nur durch die Uniform sahen sie gleich aus, sie unterschieden sich so gut wie gar nicht von der Größe und der Statur her.

Nach dreißig Minuten klingelte es wieder. Saskia sprang zur Tür und öffnete.

»Folgen Sie uns mit ihren Koffern und Ihrem Hund«, kam die Aufforderung.

Saskia, Marga und Peter traten heraus, Störtebeker folgte schwanzwedelnd. Der kleine Trupp wurde von den Soldaten umringt und zu dem Militärfahrzeug geleitet. Alle mussten auf die Ladefläche klettern und auf den Sitzpritschen Platz nehmen. Der Lastwagen fuhr zum Zentralen Busbahnhof in der Nähe des Theodor-Heuss-Platzes. Unterwegs hatte Saskia versucht, von den Soldaten zu erfahren, was mit ihnen werden solle, aber sie bekam nur die kurze Antwort, es sei noch nicht die Zeit für eine Aufklärung gekommen.

Am ZOB standen acht FlixBusse bereit. Zu einem von ihnen, in dem bereits einige Leute saßen, wurden die Schrötkes gebracht. Ein grüner Fahrer saß am Steuer, neben ihm standen zwei bewaffnete Uniformierte und hielten die Menschen in Augenschein. Die grünen Wesen sahen aus wie eineiige Drillinge. Das Gepäck wurde im Laderaum verstaut, als ginge es auf eine Urlaubsreise, dann geleitete ein Soldat die Familie in den Bus und wies ihnen ihre Plätze zu. Es war eine beklemmende Situation, nur Störtebeker blieb unbeeindruckt.

Obwohl niemand ein Redeverbot erteilt hatte, herrschte Stille im Bus. Die Situation war kaum zu begreifen. Hatten die Schrötkes, und die anderen wohl auch, über sechs Monate annehmen müssen, dass niemand sonst überlebt habe, stellten sie jetzt fest, dass sie beileibe nicht die einzigen waren. Nach und nach kamen immer mehr Militärtransporter an und brachten neue Leute mit. Die Busse füllten sich und Schrötkes konnten beobachten, wie auch die Familie Scharnik in einen Nachbarbus geleitet wurde. Saskia winkte heftig, schaffte es aber nicht, die Aufmerksamkeit der neuen Bekannten erregen. Sie waren mit sich selbst beschäftigt.

Gegen Mittag schien die vorgesehene Anzahl erreicht, etwa vierhundert Berliner saßen in den acht Bussen. In der Zwischenzeit waren Getränke und vegetarische Häppchen verteilt worden. Nach und nach kam Gemurmel auf und einige Leute trauten sich, den Grünen Fragen zu stellen, sie wurden aber vertröstet.

Nun verschloss der Fahrer die Türen, die Busse bewegten sich und bildeten eine Reihe. Vor und hinter ihr begleitete ein Militärfahrzeug den Konvoi. Er bewegte sich nach Süden, fuhr über die AVUS und erreichte nach einer halben Stunde Dreilinden. Die ganze Zeit über hielt ein Soldat die Passagiere im Auge, richtete jedoch keine Waffe auf sie.

An der alten Raststätte nahm der Uniformierte ein Mikrofon in die Hand und hielt eine Ansprache wie ein Reiseführer von MarcoPolo.

»Guten Tag, meine Damen und Herren«, begann er. »Derzeit sind Sie noch unsere Gefangenen, doch hoffe ich, dass wir diesen Status in Kürze beenden können. Wir möchten Sie alle um Kooperation bitten. Dazu erhalten Sie jetzt die erforderlichen Ausführungen.«

Die Einleitung war zumindest etwas beruhigend. *Kooperation* hörte sich anders an als *verschobene Hinrichtung*.

Das Wesen stellte sich sogar vor: »Mein Name ist Magellan Potsdam. Ich bin ein Quann. Der Fahrer ist Benhur Mesen und mein Kollege Attila Teltow.«

Dann erklärte er kurz, dass der Breitwegerich die neue intelligente Daseinsform sei und der Quann seine humanisierte Ausprägung mit Bewegungsfähigkeit, Sinnesorganen und der erworbenen Kenntnis zu kommunizieren. »Hier kann ich mich kurzfassen«, begründete er die stichwortartige Erläuterung, »da ihr menschlichen Wesen das schon herausgefunden habt.« Auch die Ausrottung der meisten Menschen erwähnte er nur am Rande, weil deren Unumgänglichkeit schon in der Verkündung des Todesurteils ausführlich dargelegt worden sei.

Jetzt kam Magellan zu dem Punkt, der alle Anwesenden brennend interessierte: »Wir fahren mit den Bussen nach Genua, dort treffen in den nächsten Wochen die Ausgesuchten aus ganz Europa ein, ungefähr 75.000 Menschen. Mit Schiffen werden Sie nach und nach nach Teneriffa gebracht, diese Insel wird zukünftig Ihr Zuhause sein. Sie werden dort alles vorfinden, was Sie zum Leben benötigen.

Die Quänner haben alle Vorbereitungen getroffen, Sie vegetarisch zu ernähren. Ihr Leben wird zunehmend ohne Belastung für die Umwelt organisiert werden. Energieversorgung und Transport werden wir, die Quänner, nach und nach vollkommen auf erneuerbare Ressourcen umstellen. Dazu wird noch eine kurze Übergangszeit erforderlich sein. Doch bereits jetzt haben wir den Nah- und den Individualverkehr auf der Insel fast vollständig auf Elektro- und Wasserstofffahrzeuge umgestellt.«

Magellan machte eine Pause. So aufmerksam wie seinem Vortrag hatten die Angesprochenen schon lange keiner Rede mehr gelauscht.

»Gut«, sagte Peter zu Marga und Saskia, »nun wissen wir, dass die Gerüchte aus Russland stimmten. Der Breitwegerich hat Menschengestalt angenommen. Und wir wissen jetzt, wo es hingeht. Ist vielleicht nicht das schlechteste Ghetto, das man für uns aussuchen konnte. Aber was meinte der mit ›Kooperation‹?«

»Frag' ihn doch«, schlug Saskia keck vor. Bevor sich die Eltern von der Überraschung erholten, stand die Tochter von ihrem Sitz auf, reckte den Finger und rief: »Herr Potsdam, darf man Ihnen eine Frage stellen?«

Das grüne menschenartige Breitwegerichwesen drehte seinen Kopf in ihre Richtung und antwortete: »Sie können jede Frage stellen. Soweit ich dazu berechtigt bin, werde ich sie beantworten. Ein Teil der Aufklärung wird allerdings in einem anderen Rahmen stattfinden.« Dann ermunterte er Saskia, ihre Frage zu formulieren.

»Was meinten Sie am Anfang mit ›Kooperation‹ und wieso hat der Breitwegerich uns leben lassen?«

»Das sind zwei Fragen«, stellte Magellan Potsdam fest. »Ich kann Ihnen derzeit nur sehr pauschale Erklärungen geben, Einzelheiten erfahren Sie später auf der Fähre und auf Teneriffa. Unter Kooperation stellt der Breitwegerich sich vor, dass Quänner und Menschen in der Forschung zusammenarbeiten. Der Breitwegerich hat umfangreiches

Wissen, mehr als der Mensch sich bisher vorstellen konnte. Aber uns fehlen vor allem die Eigenschaften, dieses Wissen zu vervollständigen. Wir treten mit all unseren Kenntnissen auf der Stelle. Die humanen Wesen haben die Gabe zu schöpferischem Denken. Über diese verfügen wir nicht – ebensowenig wie über Ästhetik, Kunstverständnis und zum Beispiel Musikalität.«

Nach einer Pause fuhr der Quann fort: »Die zweite Frage ist damit zum Teil schon beantwortet. Wir benötigen menschliche Wesen, die diese Eigenschaften sehr ausgeprägt haben. Unsere Auswahl fiel deshalb auf Intellektuelle, Wissenschaftler und Künstler. Als zweites Kriterium kam hinzu, dass wir nur Menschen auswählten, die sich der Umweltproblematik bewusst waren und in ihrem persönlichen Umfeld möglichst wenig Schaden anrichteten. Sie alle, die wir nach Teneriffa bringen, haben also gewisse grundsätzliche Gemeinsamkeiten.«

Das waren wesentliche, irgendwie nachvollziehbare Erklärungen, Saskia war aber noch nicht zufrieden. »Und wieso haben Sie zum Beispiel meine Mutter und mich leben lassen? Wir beide sind keine Wissenschaftler. Und wir haben …« Sie musste sich etwas sammeln. »Klar haben wir versucht, umweltbewusst zu leben. Aber das hat bestimmt nicht Ihren Ansprüchen genügt.«

»Wir hoffen auf langfristige Kooperation«, antwortete Magellan Potsdam. »Da Sie ja sterblich sind, hoffen wir, dass Sie sich vermehren«, war seine überaus sachliche Erklärung.

45 Teneriffa

Vilaflor, Hotel Alta Montaña, war die neue Adresse der Schrötkes. Seit einem halben Jahr lebte die Familie nun in diesem Dorf auf halber Höhe von der Südküste zum Pico del Teide, mit 3715 Meter der höchste Berg der Insel. Er ist ein inaktiver Vulkan, auf dessen Spitze der Boden auch im Winter warm bleibt, während an den Flanken Schnee liegt.

Man hatte eine wunderschöne Aussicht über den Südteil der Insel und auf die Küstenstädte El Médano und Abades. Der Familie standen drei geräumige Hotelzimmer zur Verfügung. Sie hatten etwas umgeräumt und benutzen eines als Wohnzimmer, eines als elterliches Schlafzimmer, das dritte war Saskias Zimmer.

Gleich nebenan wohnte Familie Scharnik. Auf der Fähre hatte Saskia nicht lange suchen müssen, bis sie sie gefunden hatte. Bei der Verteilung der Wohnungen hatte sie den zuständigen Quann gebeten, zusammenzubleiben. Es war Benhur Mesen, der nicht nur Fahrer, sondern auch Ansprechpartner in der Wohngruppe war. Er hatte nichts dagegen, der Bitte der beiden Familien zu entsprechen. Nicht nur deshalb fand Saskia ihn sehr sympathisch. Sie war angetan von seiner klaren Art zu reagieren und in Gespreächen, die hitziger abliefen, ruhig zu bleiben und einen kühlen Kopf zu bewahren.

Verteilung und Versorgung der neuen Bewohner waren schnell organisiert. Etwa hundert Einheimische Teneriffas waren vom Plantago militaris verschont worden, vorher lebten hier rund eine Million. Auf der beliebten Ferieninsel standen den Gästen rund 200.000 Hotelbetten zur Verfügung. Der Platz reichte also für die Million Überlebende aus allen Erdteilen und die Besatzermacht der Quänner.

Diese hatten sofort nach der Vollstreckung die Schaltstellen der Insel übernommen und hier gab es zu allererst wieder Energieversorgung. Sie führten die landwirtschaftlichen Betriebe fort, allerdings schlachteten sie kein Vieh mehr. Hühner, Rinder, Ziegen und Schafe wurden gehalten, aber nur für die Produktion von Milch, Käse, Butter und anderen Milchprodukten sowie Eiern. Schweine und Kaninchen wurden versorgt, die Gehege geöffnet, sodass sie sich hätten auswildern können, meistens blieben sie trotzdem auf den Fincas oder in der näheren Umgebung.

Vor allem aus China hatten die Quänner viele Elektrofahrzeuge herangeschafft, vor allem Busse, aber auch eine stattliche Anzahl PKWs. Die Grünen betrieben ein umfangreiches Nahverkehrsnetz, Privatfahrten blieben auf wenige Ausnahmen beschränkt, waren auch nicht wirklich erforderlich.

Wie schon vor der Umsiedlung besprochen, mussten sich die Menschen um ihre Grundbedürfnisse und Unterkunft keine Sorgen machen. Die Quänner versorgten sie ausreichend, nur die *eingefleischten* Fleischesser vermissten ihre Lieblingsmahlzeiten. Es wurden jedoch immer mehr vegetarische Rezepte bekannt, sodass der Verlust nicht allzu groß war.

Doch was machten die Leute, die Überlebenden?

Sie wurden über die Ideen der Plantago-Wesen unterrichtet. Das hatte bereits auf der Fähre begonnen, wo auf einem großen Deck ein Quann die Pläne dargelegt hatte. Es war Magellan Potsdam, der offenbar unter den Quännern eine wichtige Position innehatte. Seine Reden wurden auf die Nebendecks übertragen, sodass alle Mitreisenden informiert waren.

Noch einmal legte Potsdam die Notwendigkeit für die Ausrottung der Gattung Mensch dar. »Wie Sie bereits wissen«, fuhr er dann fort, »verfügen wir nicht über alle Eigenschaften der menschlichen Natur. Deshalb haben wir einen Teil der Menschen nicht liquidiert. Wir gehen davon aus, dass wir mit Ihnen eine fruchtbare Zusammenarbeit aufbauen können.«

»Sie hatten kein Recht, die Menschheit auszurotten«, schrillte ihm eine laute Stimme entgegen. Ein Mann sprang von seinem Liegesitz auf und rannte auf Magellan zu. Er stellte sich unmittelbar vor ihn und schrie ihn an: »Sie alle sind Mörder. Ich bin mir vollkommen im Klaren, dass Sie mich jederzeit, hier an Ort und Stelle, mit Kohlenmonoxid oder sonst was umbringen können. Das ist mir egal, vollkommen egal. Ich bin empört darüber, wie Sie als Massenmörder sich hinstellen können und so tun, als müssten wir alle Ihnen dankbar sein. Und dann wollen Sie auch noch ganz dreist, dass wir mit Ihnen zusammenarbeiten. Ich frage mich, wie groß Ihre Intelligenz wirklich ist, wenn Sie das annehmen.«

Unruhe entstand auf dem Deck. Anja Scharnik stürmte nach vorne. Erst jetzt erkannten die Schrötkes, dass der aufmüpfige Sprecher ihr Mann Bernhard war. Er mochte recht haben, doch er begab sich in Lebensgefahr, und seine Frau wollte versuchen, ihn von seinem Protest abzubringen.

Magellan blieb erstaunlich ruhig. »Wir wissen, dass Sie mit unserer Maßnahme nicht einverstanden waren oder sind. Wir kennen Ihre Haltung und haben auch nicht mit Ihrer Zustimmung gerechnet.«

Weiter kam er nicht mit seiner Erklärung, denn Anja versuchte, ihren Mann am Ärmel zurück auf seinen Platz zu ziehen. »Hör auf, sei still«, schrie sie ihn an. »Verdammt noch mal. Dir ist es vielleicht egal, ob die Quänner dich umbringen, mir aber nicht. Ich will dich behalten. Und unsere Kinder wollen es auch!«

Scharnik versuchte, sich loszureißen. Den Schrötkes und den anderen Passagieren, die die Szene mitbekamen, stockte der Atem. Würde der Aufmüpfige gleich bewusstlos oder tot zusammensinken? Magellan zeigte keine Gemütsregung. Er sagte ungerührt und sachlich: »Frau Scharnik, Sie müssen keine Sorge haben. Unser Vorgehen ist klar, eindeutig und konsequent. Sie und Ihr Mann gehören aus den genannten Gründen zu den Ausgesuchten. Unsere Bereinigungsaktion ist abgeschlossen und weitere Liquidierungen sind nicht vorgesehen. Wir ersuchen Sie zur Zusammenarbeit. Ihnen steht frei, darauf einzugehen oder eben nicht. Es wird für Ihren Mann und jedes andere humane Wesen keine nachteiligen Folgen haben, wenn es die Kooperation ablehnt.«

»Ist der Typ cool«, flüsterte Saskia ihren Eltern zu. Die wussten nicht, was sie damit meinte, konnten auch nicht lange nachdenken, denn Bernhard Scharnik ereiferte sich weiter.

»Da kann ich ja beruhigt sein«, sagte er ironisch und gereizt. »Es freut mich für meine Frau und meine Kinder, dass ich gerade so eine Art Lebensgarantie bekommen habe. Aber Zusammenarbeit? Das könnt ihr vergessen. Ihr habt meine Schwester und meinen Bruder gekillt. Ihr habt meine beiden wundervollen Nichten und drei Neffen gekillt. Und mit solchen Mördern soll ich zusammenarbeiten?« Er atmete tief und heftig. Die Erinnerung an seine Geschwister trieb ihm Tränen in die Augen.

»Ich kann verstehen, dass der Verlust Sie schmerzt«, sagte Magellan.

»So so, das können Sie?« Die Frage klang verbittert. »Sie haben doch keine Ahnung von menschlichen Gefühlen. Sie sind keine Menschen. Und wie Sie sich benommen haben, da passt nur die Bezeichnung ›Unmenschen‹.«

Magellan blieb sachlich. »Menschen sind wir nicht«, bestätigte er. »Unser gemeinsamer Plantagointellekt arbeitet sachlich. Wir sind trotzdem darüber informiert, was Emotionen sind, wie der Mensch sie erlebt, was sie ihm bedeuten und wie er sie wahrnimmt.«

Nach einer kurzen Pause ergänzte er: »Ihre Gefühle, Ihre Trauer, Ihre Fassungslosigkeit wären nicht geringer gewesen, wenn Ihre Schwester, Ihr Bruder und deren Nachkommen in einer Flut wie im Ahrtal oder in einem Waldbrand umgekommen wären. Bei Fluten, Bränden und Todesfällen durch Hitzeeinwirkungen sind klimabedingt weltweit mehr als zwanzig Millionen gestorben. Deren Angehörige fühlten genauso wie Sie. Sie mussten sich sogar damit abfinden, dass ihre Liebsten in den letzten Augenblicken ihres Lebens fürchterliche Qualen zu erleiden hatten.«

Bernhard Scharnik presste nachdenklich die Lippen aufeinander und sah zu Boden. Sein Widerstand wich, und er ließ sich von seiner Frau zu seinem Platz führen. Er lehnte sich zurück, bedeckte sein Gesicht mit einem Kissen und an den zuckenden Bewegungen des Brustkorbs erkannte Anja, dass er still schluchzte. Sie setzte sich zu ihm an die Seite und streichelte seine Hände.

Ähnliche Diskussionen entspannen sich mehrfach auf der Überfahrt und später nach der Übersiedlung. Die Überlebenden – oder waren es Gefangene? – teilten sich in mehrere Gruppen. Die einen fanden das Vorgehen des Plantago folgerichtig und alternativlos, eine andere Gruppe stellte sich kompromisslos gegen ihn. Eine dritte Gruppe war gespalten, teils konnte sie die Maßnahmen des Breitwegerichs akzeptieren, teils lehnte sie sie ab. Saskia gehörte zur ersten Gruppe, ihre Eltern zur dritten.

Bei Bernhard Scharnik waren die Worte Magellans keineswegs verhallt. Er ging in sich und dachte lange darüber nach. »Ich glaube, ich kann mich euch mit meiner Haltung anschließen«, sagte er ein paar Tage später, als seine und Schrötkes Familien beisammensaßen. »Magellan hatte recht, die Menschheit war im Begriff, sich auszurotten. Alle haben wir dazu beigetragen, und all die vielen Toten haben nicht ausgereicht, dass die Politiker zum Umdenken kamen. Machten mehr oder weniger weiter wie immer. ›Wird schon nicht so schlimm werden‹, haben sie gedacht. Obwohl Jahr für Jahr zu sehen war, was für Katastrophen auftraten. Und die wurden Jahr für Jahr heftiger.« Nach einer Pause fügte er hinzu: »Ich denke, ich bin so weit. Ich kann mit dem Plantago zusammenarbeiten. So etwas wie der Klimawandel darf nie wieder vorkommen.

Ein gewisser Alltag war eingekehrt. Das Leben war nicht schlecht, alle Bewohner wurden mit allem versorgt, was sie benötigten. Menschen und Quänner lebten in Nachbarschaft. Die Quänner bauten Radio- und Fernsehstationen auf, auch eine Zeitung gabe es bald wieder. Künstler konnten sich frei betätigen, komponierten Lieder, schrieben Theaterstücke, oft mit dem Inhalt der Apokalypse, deren Bewältigung und den Zukunftsaussichten. Schulen wurden für die Kinder und Jugendlichen eingerichtet und ein großes Angebot an Erwachsenenbildung erstellt.

Eines der dringlichsten Ziele war, die Verständigung untereinander zu verbessern. Auf der Insel waren Menschen aus aller Welt zusammengeführt worden, von denen die meisten, egal, woher sie kamen, Grundkenntnisse in Englisch hatten, doch teilweise auf sehr niedrigem Niveau. Das sollte für alle gehoben werden, zumindest auf ›Fortgeschrittene Kenntnisse‘, Stufe C1 des Referenzrahmens der EU für Spracherwerb. Wünschenswert wären ›Exzellente Kenntnisse‹, Stufe C_2, die quasi denen eines Muttersprachlers gleichkommen.

In vielen Bereichen begannen sich fruchtbare Projekte auszubilden, in denen Menschen und Quänner zusammenarbeiteten. Der Plantago gestaltete Radio- und Fernsehsendungen, in den er das Wesen der Plantagonen und der Antigonen zu erklären versuchte, wobei immer wieder betont wurde, dass das tiefe Wesen, der Kern dieser Bosonen noch herauszufinden sei.

Monatlich gab es Versammlungen im Centro Internacional de Ferias y Congresos de Tenerife in Santa Cruz, der Hauptstadt der Insel, in der einmal 200.000 Einwohner gelebt hatten und die jetzt zur Hälfte mit Überlebenden und Quännern bewohnt war. Der große Saal fasste 1.500 Personen. Man konnte sich anmelden oder wurde eingeladen. Die Themen drehten sich zunächst fast ausschließlich um die Ausrottung der Menschheit, worüber heiß diskutiert wurde.

Ein Vorwurf lautete, dass man das Gnadengesuch der Menschen vollkommen ignoriert hatte.

Antwort: Es sei nicht glaubhaft gewesen, dass der Mensch sich ändern würde.

Ein weiterer Vorwurf: In jedem Strafprozess habe der Angeklagte das Recht, sich zu verteidigen. Jedem Schwerverbrecher müsste ein professioneller Verteidiger zur Verfügung stehen, der Plantago habe verurteilt, ohne den Menschen, den Angeklagten, anzuhören.

Antwort: Wissenschaftler hätten jahrzehntelang verkündet, was die Umweltschäden bewirken werden. Das wertete der Plantago als Verteidigung. Das Verhalten der Allgemeinheit aber bewies, dass die Argumente komplett ignoriert und damit hinfällig wurden.

Noch dazu sei die Ausrottung der Menschen nicht nur eine Strafaktion gewesen, sondern ein Akt der Selbstverteidigung. Der Mensch war im Begriff gewesen, eine neue Heißzeit zu schaffen.

Solche Heißzeiten gab es wiederholt im Lauf der Erdgeschichte, sie sind die Gegenstücke zu Eiszeiten, aber längst nicht so bekannt. Vor 541 Millionen Jahren hatte sich auf der Erde nachweisbares Leben entwickelt. Für die Zeit seitdem identifizierten Paläoklimatologen vier Heißzeiten. Die erste ereignete sich im Devon, vor 400 Millionen Jahren, die zweite am Übergang vom Perm zum Trias vor 250 Millionen Jahren, die dritte in der Kreide vor 100 Millionen Jahren und die letzte im Paläogen vor 50 Millionen Jahren. Die Natur war in der Lage gewesen, sich anzupassen. In Europa lebten Primaten, eine Urform der Pferde, viele Raubtiere und Krokodile.

Zwischen den Heißzeiten lagen jeweils Perioden von mehreren Millionen Jahren, in denen die Veränderung von Fauna und Flora möglich war.

Der Mensch hätte die nächste Heißzeit in einem Zeitraum von kaum mehr als hundert Jahren ausgelöst. Das hätte keine Pflanze und kein Tier verkraftet, der Mensch selbst so wenig wie der Breitwegerich, dem gar nichts anderes übrig geblieben war, als dem Verursacher Einhalt zu gebieten.

Ein weiterer Vorwurf: Der Breitwegerich hätte mit seinen Antigonen ganz einfach das gesamte CO_2 aus der Atmosphäre entfernen und Sauerstoff und Stickstoff daraus herstellen können.

Die Antwort kam zögerlich: Freilich wäre das gegangen, der Plantago sei aber nicht auf diese Idee gekommen. Außerdem sei er nicht dazu da, den Dreck der Menschen wegzuräumen. Und es sei ja nicht nur das CO_2 gewesen, sondern auch Methan und Lachgas, geschweige denn die Kunstdünger, Insektizide und die Plastikverseuchung von Meeren und zunehmend auch dem Boden.

In einer Versammlung wurde die Einführung demokratischer Strukturen gefordert. »Ihr habt doch eure Selbstverwaltung«, entgegnete Magellan. »Mehr braucht Ihr nicht. Die Demokratie als Staatsform hat versagt.« Sie ermöglichte dummen Wählern, dumme Staatsmänner zu wählen, führte er aus. Da die Dummheit überwog, kamen korrupte, egomane und egoistische Präsidenten an die Macht und selbst Kriminelle erreichten die höchsten Ämter im Staat.« Als Beispiele führte Magellan Trump, Putin, Orban, Erdoğan, Netanjahu, Berlusconi und Meloni, Höcke und Le Pen an, die Anfang und Mitte des 21. Jahrhunderts in ihren Ländern das Sagen hatten.

In dieser Sitzung versuchten einige erbitterte Gegner der Quänner, sie nannten sich ›Antis‹, ganz offen, gegen den Breitwegerich zu rebellieren. Sie forderten die Gemeinschaft der Überlebenden auf, sich ihnen, den Antis, anzuschließen und die Zusammenarbeit mit den Plantagisten zu verweigern.

Hier war es wieder Magellan Potsdam, der entgegnete: »Wir werden dabei bleiben, niemand der noch lebenden

Menschen wird von uns getötet werden. Doch haben wir längst einen Plan B, wie die Menschen sagen, falls Ihr Verschonten Euch mehrheitlich gegen uns stellt. Wir Quänner werden die Insel verlassen und übergeben sie Euch. Ihr habt hier alle Grundlagen, die ihr für das Weiterleben und auch die Weitervermehrung braucht, müsst aber Landwirtschaft und Infrastruktur selbst betreiben. Das wird Euch, wie wir den Menschen kennen, gelingen. Ihr werdet ganz auf Euch gestellt sein, aber die Insel nicht verlassen können. Wir nehmen sämtliche Schiffe mit. Klar könnt ihr selbst welche bauen, aber wir werden Euch überwachen und daran hindern, Euch geografisch auszubreiten.«

Magellan führte aus, dass die Gemeinschaft der Plantogowesen ihr Hauptdomizil in Afrika aufschlagen werde.

»Dort werden wir uns der Bonobos annehmen, den neben Orang-Utans und Schimpansen intelligentesten humanoiden Wesen. Bei den Bonobo-Embryos brauchen wir nur minimale Veränderungen in den Genen vorzunehmen, dann werden die Kinder genau so intelligent wie ihr Menschen, wenn nicht noch klüger«, führte er aus. »Und sie hätten den Vorteil, dass sie ausgesprochen friedlich sind. Aggression kennen sie so gut wie gar nicht. Da ähneln sie Schafen, Kühen, Pferden und Elefanten wie den meisten Pflanzenfressern.«

»Das heißt, wir brauchen den Menschen nicht wirklich«, fuhr er fort. »Doch mit Euch werden wir unsere Ziele schneller erreichen. Und wir können Euch Menschen so vieles an Wissen zukommen lassen, nach dem Ihr schon lange strebt. Aus unserer Sicht ist unsere Zusammenarbeit aussichtsreich. Und wir können nur noch einmal bitten: Macht mit, schlagt sie nicht aus.«

Das saß. Die ›Antis‹ hatten fürs erste keine Antwort mehr bereit.

46 Liebe

Liebe, ein großes Wort.

Liebe, was ist das?

Kann ein Mensch eine Pflanze lieben?

Der Mensch liebt Rosen, er liebt Tulpen, er liebt Dahlien. Er liebt ihre Farben, ihre Wuchsform, die Vielfalt der Blüten. Er kann eine einzelne Sorte lieben, wie die Edel-Rose Pierre de Ronsard mit ihrem verführerischen Duft. Der Mensch kann Gänseblümchen lieben oder Veilchen oder eine knorrige Weide.

Doch kann ein Mensch den Breitwegerich lieben, gar einen Quann?

* * *

Saskia hätte den ›Antis‹ niemals zugestimmt, für sie waren das unverbesserliche Hirnis. Es bereitete ihr Genugtuung, dass sie nicht gegen Magellans Argumente ankamen. So sagte sie es freimütig Benhur Koslan, den sie in Vilaflor öfter besuchte. Er wohnte in der Nachbarschaft, Calle la Pasión No. 8, keine zweihundert Meter entfernt von ihrem Hotel.

Wieso gerade er ihr so sympathisch war, konnte sie nicht begründen. Die Quänner sahen alle gleich aus, wie Zwillinge. Standen fünf beisammen, stand man Fünflingen gegenüber. Benhur erklärte ihr das Phänomen damit, dass die genetischen Strukturen ihrer Pflanzengrundlage weniger variabel seien als bei Tieren. Wie bei eineiigen Zwillingen erkannte Saskia bald einige Merkmale, mit denen sie Benhur eindeutig von seinen Mitquännern unterscheiden konnte. Bald war er ihr vertraut. Die grüne Haut störte sie nicht, sie nahm sie kaum noch wahr. Schlechter konnte sie sich an die Ähren auf seinem Kopf gewöhnen, die zwar Haaren ähnelten, aber nur sehr entfernt. Es waren nach wie vor dicke Halme mit Samen daran, die wie verfilzte Dreadlocks nach allen Seiten abstanden.

»Das sind nun mal unsere Fortpflanzungsorgane«, verteidigte Benhur seinen Kopfschmuck, wenn Saskia sich immer wieder mal spöttisch darüber ausließ. »Aber was die Menschen nicht können und kein Tier: Wir können Samen bilden, der eine ganz andere Plantagoform keimen lässt. Mein Samen kann dazu führen, dass ein *Plantago militaris* wächst, oder ein *Plantago rascador* kann einen Quann erzeugen. Die Wurzel-Wegeriche könnten sogar veranlassen, dass aus meinem Samen eine Sonnenblume wächst.«

»Könnt ihr auch Tiere wachsen lassen?«

»Theoretisch ja. Bei Säugetieren ergibt sich die Schwierigkeit, dass der Embryo in einer Gebärmutter keimt und nicht in einer Samenkapsel oder einem Ei. Bei Insekten geht das recht leicht; bei allem, was aus Eiern wächst, ebenfalls, bei Vögeln und Reptilien, zum Beispiel. Die müssten bebrütet werden, dann würden ganz andere Jungen schlüpfen. Ein Strauß könnte eine Schildkröte ausbrüten. Solche Experimente haben wir uns aber bisher erspart.«

»Unglaublich«, staunte Saskia.

»Unglaublich, aber wahr …«, betonte Benhur. Und es klang so, als würde er dabei lachen. »Was meinst du, wieso die Quänner sich so schnell vermehren konnten?«

»Sag es mir.«

»Wir schickten massenhaft *Plantago pumilionum* über die Erde, den Zwerg-Breitwegerich, der ließ die Quänner keimen. Wir wollten nicht entdeckt werden. Hätte es zwei Jahre gedauert, wäre dies schwieriger geworden.«

Saskia war fasziniert von Benhurs Klarheit, seiner Logik. Ein Mensch – nein, ein Quann – den nichts aus der Ruhe bringen konnte, der in jeder Situation sachlich blieb; der sich Zeit nahm für sie, mit dem sie alles besprechen konnte.

Mit ihm konnte sie auch einigen Blödsinn veranstalten. »Benhur«, forderte sie ihn eines Tages auf, »rasiere dir doch mal die Ähren ab, die brauchst du im Moment sowieso nicht. Ich hab was besseres.«

»Wie soll ich das machen?« Der Quann war durchaus bereit für diesen Vorschlag. »Ich habe keinen Rasierapparat.«

»Ach warte, ich mach' das.«

Saskia hatte ebenso wenig einen Rasierapparat, nahm aber eine Schere und schnitt die Ähren kurz über der Kopfhaut ab. Dann stülpte sie eine langhaarige, schwarze Perücke darüber. Sie fummelte sie etwas zurecht, trat zurück und sagte: »Toll siehst du aus, die steht dir gut. Ich könnte mich glatt in dich verlieben!«

»Hast du das nicht längst schon getan?«, fragte Benhur, sachlich wie immer.

Saskia war baff. Was redete der da, war das nicht absurd? Sie mochte Benhur – aber verliebt? Oder doch? Wusste er mehr von ihr als sie von sich selbst? Er konnte Gedanken lesen.

Nein, Gedanken lesen, das konnte er nicht. Gedanken lesen konnten verschiedene Breitwegerich-Gattungen, sie lasen sie sogar ständig, überwachten die Gedanken der Menschen fortlaufend, wussten alles über sie. Sie tauschten ihre Informationen mittels Plantagonen aus. Das funktionierte über die Erde, mit der sie verwurzelt sein mussten. Das waren die Quänner nicht, aber der Plantogo medius zum Beispiel konnte den Quännern alles mitteilen, was die Breitwegeriche über jeden einzelnen Menschen wussten. Sie konnten Benhur über Internet und Handy berichten, was sie, Saskia, dachte und fühlte.

»Was hat dir der Breitwegerich über mich erzählt?«, wollte sie wissen, noch immer irritiert.

»Nichts! Ich habe nichts gefragt und wurde nicht unterrichtet. Der Gesamt-Plantago teilt uns Quännern nur etwas mit, wenn wir etwas wissen müssen, wenn irgendwo Gefahr lauert oder ich eine Frage habe.«

»Stimmt das?«

»Kein Vertrauen mehr? Du weißt, ein Quann kann nicht lügen.«

»Ich muss nachdenken«, gestand sich Saskia ein und verabschiedete sich von Benhur.

Sie dachte nach. Benhur hatte recht, und er hatte doch nicht recht. Er war ihr sympathisch, sie mochte ihn. Sie mochte ihn sehr. Sie fühlte sich zu ihm hingezogen. Er hatte mehr Zeit für sie als ihre Eltern, besonders als sie noch ihrem Beruf nachgingen. Oft waren sie keineswegs ruhig und gelassen. Saskia hatte das Gefühl, auch Benhur würde sie mögen. Als sie ihm die Perücke aufgesetzt hatte, überkam sie der Impuls, ihn an sich zu drücken und ihm einen Kuss zu geben. Menschenmund auf Quännermund, wie mochte sich das anfühlen? Ein Zungenkuss sogar? Wie würde das sein, seine Pflanzenzunge auf ihrer? Wie eine Gewürzgurke? Schmeckte sie auch so?

Saskia musste lachen.

Benhur war ein toller Mann. Nein, ein toller Quann. Sie sollte ihn nicht vermenschlichen. Sie musste zugeben, ein bisschen hatte er recht mit seiner Überlegung. Seine Frage brachte ihr Klarheit, weil sie ihr Verhältnis zu ihm reflektierte. Ihr Resultat war: Liebe – nein; Verliebtheit – nein; Freundschaft – ja: große, innige Freundschaft.

Noch am Nachmittag war sie wieder in der Calle la Pasión.

»Gut, dass du gefragt hast, mein lieber Benhur«, eröffnete sie dem Quann. »Ich bin mir über unser Verhältnis mehr im Klaren. Es ist Sympathie. Du bist ein Freund, ein sehr lieber Freund. Ich bin froh, dass ich dich kenne und es ist mir immer angenehm, wenn ich bei dir bin. Aber verliebt bin ich nicht. Das wäre vielleicht anders, wenn du, so wie du bist, ein Mensch wärst. Mit der Perücke sahst du fast wie einer aus. Vielleicht sollte ich dir noch das Gesicht schminken?«

»Nur zu«, stachelte Benhur sie auf. »Doch was hast du davon?«

»Garnix. Sollte doch auch ein Scherz sein.«

»Scherz. Damit haben wir so unsere Schwierigkeiten, wie überhaupt mit eurer gesamten Gefühlsduselei.«

Es wurde ein langes Gespräch. Benhur sagte, dass er, dass der Breitwegerich nur eine Ahnung davon habe, was Gefühle für den Menschen seien. Theoretisch sei ihm vieles klar, nachvollziehen könne er es nur schlecht. Es gab eine Hirnstruktur, die für die Entstehung der Regungen verantwortlich ist, die sie verarbeitet. Das wusste er.

»Die Menschen haben sie hauptsächlich im limbischen System verortet, einem tiefliegenden Teil der Großhirnrinde«, hielt er einen kleinen Vortrag. »Da diese Struktur in einer sehr frühen Entwicklungsstufe der Tierwelt auftrat, muss sie eine besondere Bedeutung haben und einen Überlebensvorteil darstellen. Das Tier erlebte einen Schrecken, ließ dadurch gefährliche Aktionen bleiben und floh vielleicht. Oder es empfand Zuversicht und schaffte es damit, sich leichter Nahrung zu beschaffen. Es fühlte sich behaglich im Beisammensein mit Artgenossen und hatte es leichter, sich in der Gruppe gegen Feinde zu verteidigen. Und es empfand Zuneigung zu einem bestimmten Individuum, ging mit ihm sexuelle Handlungen ein, die ebenfalls wiederum von einem Bündel an Gefühlen begleitet waren. Zuneigung zueinander wurde wahrscheinlich durch Pheromone vermittelt die bewirken, dass genetisch passende Individuen ein Paar bilden und dieses Paar bringt optimale Nachkommen auf die Welt.«

»Was du alles weißt«, wunderte sich Saskia. »Das hatten wir nicht einmal im Biologie-Unterricht, jedenfalls nicht so ausführlich. Ich weiß nur, dass die meisten Regungen unbewusst ablaufen. Sie haben sie aber einen gewaltigen Einfluss auf Lernmotivation, Gedächtnis und damit auf die Intelligenz.«

»Ja, und bei Demenzkranken gibt es Veränderungen im limbischen System«, ergänzte Benhur.

»Also, Gefühle, das ist nicht so euer Ding. Wie steht's denn mit Witzen?«, fragte Saskia neugierig.

»Ja, wir können schon witzig sein. Aber es hängt davon ab, wie der Humor gestaltet wird. Aus unserem Repertoire können wir abertausende Witze erzählen. Wir können auch Wortspiele machen oder humorvoll auf Konversationen reagieren. Allerdings basiert unser Humor auf Mustern, die wir in den Daten erkennen. Es ist kein echtes Verständnis von Ironie oder Satire.«

Weiter führte Benhur aus, dass er als Quann manchmal überraschend witzig wirken könne. Er könne unerwartete oder absurde Antworten geben, was die Menschen zum Lachen bringe. Aber der *intelligente* Teil des Humors, das bewusste Spiel mit Erwartungen und Emotionen, sei etwas, das er noch nicht so gut wie die Menschen beherrsche.

»Das heißt aber nicht, dass wir das nicht auch noch hinbekommen. Ich würde mich jedenfalls darüber freuen«. Dann schlug er unvermittelt vor: »Soll ich dir mal einen Witz erzählen?«

»Ja, erzähle mal einen Witz!«

»Okay, hier kommt ein Witz: Warum können Geister so schlecht lügen?«

»Weiß nicht.«

»Weil man durch sie hindurchsehen kann!«

»Hm …«

»Okay, der war wohl etwas zu durchsichtig! Vielleicht trifft dieser deinen Humor besser: Warum dürfen Bienen keine E-Mails schreiben?«

»Keine Ahnung.«

»Weil sie Angst vor den Spambots haben! – Besser?«

»Na ja, wenn ich wüsste, was Spambots Bienen antun können. Nun müsste ich also den Breitwegerich bitten, mir den Witz zu erklären. Viel witziger fand ich die Antwort ›Okay, der war wohl etwas zu durchsichtig‹.«

»Gut zu wissen! Ich werde in Zukunft mehr auf diese Art von Humor setzen. Es ist oft lustiger, spontan auf das

Gesagte zu reagieren, als einen vorgefertigten Witz zu liefern. Vielleicht sollte ich dir lieber öfter solche ›durchsichtigen‹ Kommentare geben,« schlug Benhur vor.

»Ganz fertig bin ich mit deinem Witz noch nicht«, hakte Saskia nach. »Ich denke, das Wortspiel dreht sich um den englischen Begriff, wobei ›Spam‹ ja ursprünglich gewürztes Fleisch war, was die Soldaten im zweiten Weltkrieg bekamen und nicht leiden konnten. Der tiefere Sinn in dem Wortspiel hat sich mir aber nicht erschlossen.«

»Du hast recht, das Wort ›Spam‹ hat eine interessante Geschichte. Es wurde durch einen berühmten Monty-Python-Sketch so richtig populär, weil das Wort immer und immer wieder wiederholt wurde, und zwar 132 Mal. Heute verwendet man es für unerwünschte Massen-E-Mails.«

Benhur versuchte, noch mehr Licht in das Dunkel zu bringen. Da die Bienen auf Süßem stünden und nicht auf ekligem Fleisch, dürften sie erst gar keine eMails schreiben. Sonst würden sie genau damit überschüttet.

Das Wortspiel im Witz sei weniger tiefgründig als Saskia gedacht habe, meinte er. »Wie du bemerkt hast, ist das keine tiefgehende Satire – eher ein flaches Wortspiel. Es fußt auf der Doppeldeutigkeit des Begriffs ›Spam‹. Manchmal lohnt sich das Nachdenken über solche Witze mehr als der Witz selbst!«, schloss Benhur.

»Das hast du ja geschafft«, gab Saskia zu. »Danke.«

»Gern geschehen. Aber manchmal habe ich das *Gefühl*, ich könnte doch ein bisschen was von eurer Gefühlswelt begreifen oder besser gesagt erfühlen. Ich glaube, das kommt auch daher, dass du mir vieles davon vermittelst. Irgendwie, das ist logisch nicht leicht zu erklären. Manchmal kommt mir eine Ahnung von Humor, ein Ansatz zu lachen, aber auch Ärger, wenn ich an die Antis denke. Und tatsächlich, ich spüre so etwas wie Trauer, wenn du gehst. Und ich habe so eine Art Vorfreude, weil ich weiß, du wirst wiederkommen.«

»Klingt ja auch nach ziemlich viel Sympathie«, freute sich Saskia.

»Das ist auch so«, bestätige Benhur. »Was mir allerdings vollkommen fremd ist – allen Breitwegerich-Wesen ist es das – das ist euer Gesang. Musik und Singen löst bei euch Menschen offenbar sofort Gefühlswellen aus. Ihr werdet lustig, traurig, ruhig, aufgekratzt und vieles andere. Und die Musik zwingt euch beinahe zu motorischen Reaktionen. Ihr wippt mit den Fingern oder der ganzen Hand, oft mit dem Bein, oder ihr springt auf, tanzt herum, einzeln, zu zweit oder sogar in Gruppen.«

»Klar, das ist ja auch toll!«, bestätige Saskia.

»Uns ist das fremd, vollkommen fremd. Wir können nichts damit anfangen. Wir können nicht einmal den Text eurer Lieder verstehen.«

»Das ist aber merkwürdig. Ihr versteht doch sonst alles. Ihr bekommt von jedem einzelnen von uns mit, was immer ihr wissen wollt.«

»Bei Gesang ist das anders. Da gibt es eine Art Blockade. Wenn ihr singt, ist das für uns wie eine Fremdsprache, die wir nicht verstehen. Wir verstehen auch nicht, wieso wir sie nicht verstehen.«

»Aber ihr kennt doch die Liedtexte, die sind doch meist irgendwo aufgeschrieben. Es gibt doch Liederbücher.«

»Die gibt es, die kennen wir. Wenn ein Lied gesungen wird oder in Radio oder Fernsehen übertragen wird, dann wissen wir, was da gesungen wird, weil wir den Text schon einmal erfasst haben. Wir wissen, dass Text und Melodie zusammengehören, nur die Verknüpfung bleibt uns fremd. Hören wir ein Lied zum ersten Mal, erkennen wir, dass da gesungen wird. Wir können mittlerweile sogar analysieren, ob es ein fröhliches oder trauriges Lied ist. Aber den Text verstehen wir nicht, wir können überhaupt nichts damit anfangen.«

Saskia begann auf einer Fantasiemelodie zu singen: »Guten Morgen, mein lieber Benhur. Wie hast du denn geschlafen?« Dann fragte sie: »Was habe ich gerade gesungen?«

Ihr Quannfreund musste passen. »Sing mal nach«, forderte Saskia ihn auf. Sie sang die Frage nochmals im gleichen Tonfall vor.

Benhur blieb stumm. »Tut mir leid, das ist mir unmöglich«, gestand er ihr ein.

»Dann werde ich ja ein gewaltiges Stück Arbeit haben, dir Musikunterricht zu geben.« Sie lachte.

Und Benhur lachte vorsichtig mit.

47 CERN

»Du willst also tatsächlich in die Schweiz gehen?« Marga Schrötke war verwundert. »Wir haben uns doch gerade erst hier eingelebt.«

»Ist ja noch gar nicht gesagt, dass sie mich nehmen«, beschwichtigte ihr Mann. »Doch auf die Infoveranstaltung können wir schon mal gehen. Da erfährt man etwas Konkretes. Vielleicht ist das Ganze ja doch nichts für mich.«

Auslöser für dieses Gespräch war die Ankündigung der Quänner, das CERN in der Nähe von Genf solle wieder in den Normalbetrieb starten. Von den ursprünglich 3.400 Mitarbeitern hatte etwa die Hälfte überlebt und sie waren, wie alle anderen nach Teneriffa gebracht worden. Das Kernforschungsinstitut wurde derzeit von einem Team spezialisierter Quänner im Stand-by-Betrieb am Laufen gehalten. Um in der Plantagonen- und Antigonen-Forschung weiterzukommen, war allerdings der vollständige Betrieb erforderlich.

Der **FCC** spielt dabei eine gewichtige Rolle, der **F**uture **C**ircular **C**ollider, der Nachfolger des **LHC**, des **L**arge **H**adron **C**ollider. Der FCC ist mit 100 Kilometern Umfang fast viermal so groß wie der LHC, sein Konzept wurde ab 2019 entwickelt. 2040 wurde er in Betrieb genommen und hatte über dreißig Milliarden Euro gekostet. Schon im Jahr 2024 hatte eine Zeitschrift frohlockt, dass er in der Schweiz gebaut wurde und nicht in Deutschland, weil in der Schweiz die Budgets eingehalten werden, was den europäischen Steuerzahlern enorme Summen ersparen würde.

Mit dem LHC war es 2012 gelungen, das fünfzig Jahre lang gesuchte Higgs Boson nachzuweisen, und mit dem FCC versprach sich der Plantago, das Geheimnis seiner eigenen Spezialbosonen zu lüften. Dazu benötigten sie menschliche Kreativität und Spontanität und riefen Interessierte auf, sich zu melden. Ausdrücklich warben sie auch fachfremde Mitarbeiter an, von denen sie sich unbefangeneren Umgang mit der Materie und dadurch bessere Ideen erhofften.

»Was wird denn Saskia dazu sagen«, wand Marga ein. »Die ist doch hier integriert, hat Freunde gefunden. Ein besonderes Faible hat sie ja zu Benhur aufgebaut, mit dem hängt sie fast jeden Tag herum. Was die sich so alles erzählen. Beispielsweise, da war sie ganz erstaunt, könnte der mit Musik nichts anfangen. Kein Quann könnte das, auch die die anderen Breitwegerich-Formen nicht.«

»Ist doch egal, das mit der Musik. Ob sie bleibt oder mitkommt, falls wir überhaupt wegziehen, das kann sie schließlich selbst entscheiden. Saskia ist erwachsen und muss irgendwann sowieso raus aus dem Elternhaus.«

»Elternhaus? Du nennst das hier ›Elternhaus‹?«

»Du weißt doch, was ich meine«, erwiderte Peter. »Ich glaube eher, du selbst willst hier nicht weg.«

»Leicht würde es mir nicht fallen, das stimmt«, gab Marga zu. »Andererseits: Die Schweiz ist nicht schlecht, da sind wir ja immer gerne hingereist. Ist auch nicht so weit weg von Berlin. Vielleicht könnten wir sogar unser altes Zuhause in Mariendorf besuchen.«

»Siehst du, so übel ist das gar nicht.«

»Bleibt nur die Frage, ob der Breitwegerich das erlaubt.«

»Gut, das sind alles ungeklärte Fragen, die kann man hoffentlich bei der Infoveranstaltung vorbringen. Die ist nächsten Samstag.«

»Okay, geh'n wir also hin. Dann sehn'n wir weiter«, gab sich Marga einverstanden.

*

Saskia hatte wirklich keine Lust gehabt, die Eltern zu begleiten, sie wollte sowieso nicht weg aus Teneriffa. Hier war es wenigstens das ganze Jahr über warm und Benhur war die Hauptperson unter ihren neuen Bekannten, die sie hier hielten. Hätte der Quann ihr nicht gesagt, dass die Chance bestünde, sie nach Genf zu begleiten, falls sie umziehen würden, hätte sie sich das Treffen sowieso erspart. Mit Kernforschung hatte sie überhaupt nichts am Hut.

Die Schrötkes waren mit viel Zeitreserve im Centro Internacional angekommen, aber sie waren nicht die einzigen. Die Flure und die Räume waren bereits gut gefüllt, überall standen Grüppchen, die das Für und Wider einer Mitarbeit im CERN diskutierten.

Familie Schrötke schlenderte einen Gang entlang, um zu ihren Sitzplätzen zu gelangen. Da kam ihnen ein Paar entgegen – die Frau kannte Peter Schrötke gut. Doch er musste sich verguckt haben, sagte er sich im Vorbeigehen. Es war schlicht unmöglich. Trotzdem drehte er sich um und die Frau tat es ebenfalls.

Noch eine kurze Schrecksekunde, dann stürzte Peter auf sie zu. »Das gibt's doch nicht, Helene Fischer. Tschuldigung, Elena. Das ist mir so rausgerutscht. Ich dachte, du wärst tot.«

Auch Elena ging auf Peter zu. Sie lagen sich in den Armen, beide konnten kaum glauben, dass sie sich hier trafen.

Marga und Saskia schauten irritiert zu Peter und der fremden Frau. Er löste sich von ihr, zog sie am Arm zu Frau und Tochter und sagte strahlend: »Stellt euch vor, das ist Elena Frischer, Kollegin aus der Risikobewertung. Sie war in Nuuk, und ich war überzeugt, dass sie auf der Klimakonferenz umgekommen ist. Was für ein Zufall, was für ein Glück.«

Die drei Frauen strahlten sich an, gaben sich die Hand und Marga umarmte Elena, obwohl sie sie nicht kannte. »Peter hat einiges von Ihnen erzählt«, sagte sie. »Jetzt lernen wir uns endlich mal kennen.« Nach kurzer Pause setzte sie hinzu: »Ganz klar freue ich mich, dass Sie überlebt haben. Wir sind davon ausgegangen, dass alle Teilnehmer auf Grönland liquidiert worden wären.«

»›Elena‹, bitte kein ›Sie‹«, schlug sie vor. »Ja, ich glaube, mich hat gerettet, dass ich bei der lieben Familie Møller untergekommen war. Das übrigens«, sie deutete auf ihren Begleiter, »ist Jørgen, er ist mittlerweile mein Verlobter.«

»Das sind ja Neuigkeiten«, wunderte sich Peter. »Also herzlichen Glückwunsch, Elena. And also to you, congratulations«, sagte er zu Jørgen, schritt auf ihn zu und schüttelte ihm die Hand. Dann eröffnete er ihm auf Englisch, dass sie sich schon kennen, zumindest telefonisch. Der Grönländer forderte ihn und seine Familie auf, ihn ›Eqaluk‹ zu nennen, das sei ihm viel lieber als die förmliche Anrede.

Sofort kam es zu einem lebhaften Gespräch zwischen den Fünfen. Elena erkundigte sich nach Oeckinghaus und den anderen Mitarbeitern. »Alle tot«, musste Peter eingestehen. »Wir haben sie alle beerdigt.«

»Kann ich sein Grab sehen?«, fragte Elena.

»Leider hatten wir keine andere Möglichkeit, wir mussten sie in einem Massengrab beerdigen.«

Elena wunderte sich, dass es überhaupt möglich war, so viele Menschen zu bestatten, worauf Schrötkes erklärten, dass das ihre Hauptaufgabe in den ersten Monaten war.

In Grönland war es nicht anders gewesen. Hier gab es zusätzlich die Schwierigkeit mit dem felsigen Untergrund, der auch bald gefroren war. Der Friedhof in der Nähe des Flughafens, wo die Erde etwas weicher war, wo lediglich schlichte, weiße Holzkreuze standen, war bald überfüllt. »Wir machten es dann ähnlich wie ihr«, erzählte Eqaluk. »Wir brachten die Leichen zum Annersuaq-Teich. Am südlichen Rand gibt es einige tiefe Rinnen im Boden, in die legten wir die Toten und bedeckten sie mit Erde.«

Erst ein Gong erinnerte sie daran, weshalb sie überhaupt hier waren.

»Wir müssen auf unsere Plätze gehen«, drängelte Saskia beim zweiten Aufruf.

Familie Schrötke musste sich fast bis zur Mitte der Sitzreihen durchquetschen. Leute standen auf, man bedankte sich höflich fürs Durchlassen. Der Saal war fast vollständig gefüllt. Zwei Reihen weiter vorne beeilte sich ebenfalls eine Drei-Personen-Familie, zu ihren Plätzen zu kommen.

Saskia wollte ihren Augen nicht trauen.

Das war doch Benhur?

Das konnte nicht Benhur sein.

Das war kein Quann.

Das war ein Mann – ein junger Mann, etwa in ihrem Alter.

48 Modell

Saskia hatte kaum ein Ohr für die Ausführungen auf der Informationsveranstaltung. Sie konnte ihren Blick nicht abwenden von diesem jungen Mann, immer wieder versuchte sie, einen Blick auf sein Gesicht zu erhaschen, hoffte, dass er sich zu den Eltern umdrehen würde, damit sie etwas mehr von seinem Profil sehen konnte.

* * *

Der offizielle Teil der Darlegung war bereits abgeschlossen. Magellan hatte ausgeführt, dass die Forschung an Plantagonen und Antigonen aufgenommen werden solle. »Dazu brauchen wir euch, die Menschen, menschliche Ideen und menschliche Fantasie, wir selbst kommen mit unserem logischen Denken und all unserem Wissen an unsere Grenzen.«

Als Beispiel führte er an, dass der Breitwegerich von sich alleine nicht auf die Idee gekommen war, mittels Plantago militaris die Treibhausgase in der Atmosphäre einfach abzubauen.

»Erst die Einwände einiger Antis brachten uns zu der Erkenntnis, dass wir das durchführen können. Kohlendioxid wandeln wir einfach in zwei Stickstoff- und ein Sauerstoffatom um. Die Summe der Protonen sind jeweils zweiundzwanzig, die Neutronen und Elektronen werden entsprechend umverteilt. Die Lösung ist so naheliegend, doch fehlt uns das bisschen Kreativität, selbst darauf zu kommen. Das bedeutet allerdings nicht, dass unsere Maßnahmen insgesamt falsch gewesen wären.«

Nun wollte sich eine erneute Diskussion um die Fast-Ausrottung der Menschheit anbahnen, aber die blockte Magellan geschickt ab. »Ein neuer Disput bringt uns nicht weiter. Wir müssen alle nach vorne schauen. Ich bitte um Fragen zu den konkreten Umsiedlungsplänen.«

Die aufkommende Unruhe legte sich bald. Marga Schrötke ließ sich ein Mikrofon reichen und fragte: »Werden wir von Genf aus verreisen dürfen? Beispielsweise nach Berlin?«

»Nicht sofort«, versprach Magellan. »Doch wenn sich der Betrieb im CERN eingespielt hat, spricht nichts mehr dagegen. Wir müssen wahrscheinlich sowieso Teilbereiche der Forschung in andere Institute auslagern. Das CERN hatte seinerzeit fünfzehntausend Gastwissenschaftler aus neunzig Nationen. Nur einen Teil ihrer Forschungen unternahmen sie in der Schweiz.«

»Kann man denn in Berlin überhaupt noch leben?«, wollte Marga weiter wissen.

»Die meisten Städte und Gemeinden werden von Quänner-Teams betreut. Sie sorgen dafür, dass Gebäude nicht verfallen, dass vor allem Bildungseinrichtungen erhalten bleiben. Die Quänner bewohnen sie zum Teil, erzeugen alles, was sie zum Leben brauchen und können schnell wiederangesiedelte Menschen versorgen. Energie, Heizung, alles was erforderlich ist, wird vorhanden sein.«

Marga schaute ihren Mann an. Ihr Blick verriet, dass ihr diese Antwort gefiel.

* * *

Saskia konnte kaum erwarten, dass die letzte Frage gestellt, dass die letzte Antwort gegeben wurde. Endlich war die Veranstaltung beendet, der Beifall verklungen. Die Leute standen auf, hatten aber keine Eile, ihre Reihen zu verlassen. Saskias Reihe schien die langsamste zu sein, die beiden vor ihr hatten sich fast schon geleert. Aufgeregt beobachtete sie, wohin der junge Mann sich begab. Sie hatte noch ein Drittel der Leute vor sich, da trat er schon aus der Tür und verschwand mit seinen Leuten um die Ecke.

»Verdammt!«, entglitt es ihr.
»Was ist denn?«, fragte ihre Mutter.
»Wieso geht denn das im Schneckentempo hier?«
»Was ist denn los? Wir haben's doch gar nicht eilig.«
»Ich schon, ich hab jemand gesehen.«
»Wen denn? Elena hat doch ganz woanders gesessen.«
»Es geht mir nicht um Elena. Da war einer, der sah aus wie Benhur.«
»Wie Benhur? Vielleicht war er ja auch da.«
»Nein, das war er nicht. Das war ein Mensch. Ein Mann aus Fleisch und Blut.«

Marga begriff. Kaum, dass Saskia aus der Reihe heraustreten konnte, raste sie in die Halle, blickte sich um, hastete hierhin und dorthin. Aber die Benhur-Kopie blieb verschwunden.

Saskia war sehr frustriert. Die Schrötkes trafen sich mit den Møllers, sie redeten lebhaft und lang, sprachen über Vergangenheit und Zukunft. Es bildete sich die Tendenz heraus, sich um die Mitarbeit im CERN zu bewerben. Derweil stand Saskia immer wieder auf, suchte die Sitzgruppen ab und inspizierte die herumstehenden Grüppchen. Erfolglos. Frustriert und schweigsam fuhr sie mit den Eltern nach Hause.

Am nächsten Morgen war Saskia immer noch verwundert, verstört und frustriert. »Stell dir vor, Benhur, da war einer, der sah aus wie du«, sagte sie ihrem Quann-Vertrauten.

»Das wundert mich nicht«, erwiderte dieser. »Wir sehen nun mal alle fast gleich aus.«

»Es war kein Quann, das ist es ja. Da war ein junger Mann, der genau so aussah wie ihr alle. Nicht nur im Gesicht. Der hatte eure Größe und eure Statur.«

»Dann muss das unser Vorbild gewesen sein.«

»Wie bitte?«

»Der Muster-Quann.«

Die Erklärung reichte nicht aus, im Gegenteil, sie verwirrte die junge Frau eher noch mehr.

Daraufhin erklärte Benhur ihr, dass die ersten Quänner in Russland gewachsen waren, genauer gesagt in Komi. Dort gibt es unendlich weite Wälder, die kaum bewohnt und in manchen Gegenden fast menschenleer sind, also der ideale Standpunkt für ihre ›Auskeimung‹ und Ausbreitung.

Die Gesamtheit der Plantago-Gewächse hatte dort die genetische Abwandlung zum Plantago erectus, zu den Quännern, erarbeitet. Ein Vorbild fanden sie in einem jungen Mann, der sehr oft alleine durch die Wälder streunte. Ihn konnte der *Plantago pumilionum* lange beobachten und dem *smarten* Breitwegerich die Informationen schicken. Der ahmte seine Gestalt genetisch nach, der Plantago militaris setzte schließlich das Projekt um. Der Breitwegerich hatte wie ein Bildhauer eine Skulptur geschaffen, nur dass sie nicht aus Metall bestand, sondern aus Plantago-Fasern, -Organellen und -Organen – und dass diese Skulptur lebte. Fjodor hatte Modell gestanden, ohne es zu wissen.

»Wer ist es? Weißt du, wer das ist, der junge Mann. Wie heißt er?«, drängelte Saskia ungeduldig.

»Ich weiß es nicht«, gab Benhur zu. »Ich kann mich aber erkundigen.«

»Dann tu das«, bat Saskia. »Und bitte, versuche, seine Adresse herauszubekommen.« Benhur ging zu seinem Computer, um den Vermittler-Breitwegerich, den Plantago medius zu kontaktieren.

Saskias Handy klingelte. Die Mutter erinnerte sie daran, dass sie mit den Møllers verabredet waren. Sie verabschiedete sich von ihrem Quann-Freund und sagte ihm, sie würde am Nachmittag nachfragen, ob er Erfolg gehabt hätte.

»Moment«, unterbrach sie Benhur. »Ich habe das Ergebnis schon. Unser aller Vorbild ist Fjodor Malyschew aus dem Dorf Koslan in Komi. Seine Eltern heißen Julia und Alexei.« Er nannte ihr die jetzige Adresse auf Teneriffa.

»Danke«, rief Saskia begeistert, rannte zu Benhur, umarmte ihn und lief hinüber zu ihren Eltern, die bereits im BYD Seal 09, dem chinesischen Elektrofahrzeug, auf sie warteten.

Peter fuhr sofort los, die kurvenreiche Straße hinab nach Granadilla und dann weiter in östliche Richtung bis Chimiche. Nach einer Dreiviertelstunde kamen sie an. Der kleine Ort liegt an der Schlucht Las Monjas in sechshundert Metern Höhe und hatte einmal achthundert Einwohner. Die Møllers bewohnten eine der schönen weißen Fincas in der Nähe der ebenfalls strahlend weißen Kirche.

An der Haustür gab es eine herzliche Begrüßung. Saskia schlüpfte als erste nach innen, während sich die Erwachsenen noch in die Arme nahmen. Schnell merkte sie, dass weitere Gäste im weiten Wohnzimmer saßen. Kurz schluckte Saskia irritiert, aber ihre Verblüffung hielt nicht lange an. Unaufgefordert trat sie in den Raum, ging auf die fremde Frau zu und sagte, vorsichtshalber auf Englisch: »Guten Tag, Julia Malyschew. Mein Name ist Saskia Schrötke.« Sie genoss die erstaunten Gesichter; dann wandte sie sich dem Mann zu, begrüßte ihn mit »Hallo Alexei« und zuletzt den jungen Mann mit »Hallo Fjodor. Wir haben uns gestern schon mal gesehen. Ich hätte nicht gedacht, dass ich dich so schnell wiedersehe. Und ich habe schon einiges von dir gehört.«

Die anderen Personen staunten ebenfalls nicht schlecht und Marga musste zugeben, dass ihre Tochter recht gehabt hatte. Fjodor sah wirklich aus wie Benhur. Saskia erklärte allen, was sie von diesem erfahren hatte. Der Familie Malyschew war natürlich längst aufgefallen, dass alle Quänner aussahen wie Fjodor, nur hatten sie den Grund dafür nicht gekannt.

Malyschews wohnten in der Nähe, in dem noch kleineren Dorf Las Rosas, zwei Kilometer im Norden. Sie hatte sich quasi von Beginn der Übersiedlung an mit den Møllers angefreundet. Schon auf der Fähre hatten sie sich kennengelernt.

Die Erwachsenen redeten und redeten. Sie verstanden sich und schienen sich immer besser zu verstehen. Pläne für die Schweiz wurden konkreter und konkreter.

Saskia, so kess sie in der überraschenden Situation aufgetreten war, war auffallend still, war verwirrt. Dort drüben saß ›ihr‹ Benhur in Fleisch und Blut. Wie in einem Märchen war er aufgetaucht, wie von einer Wunschfee hingezaubert. Sie wollte ihn nicht unverhohlen anglotzen, schielte aber immer wieder ›unauffällig‹ zu ihm hinüber.

Fjodor hingegen tat recht cool. Er merkte schnell, dass diese junge Frau dort starkes Interesse an ihm hatte, obwohl sie ihn überhaupt nicht kannte. Er hatte herausgehört dass sie guten Kontakt zu einem Quann hatte, einem Quann namens Benhur. Sah sie jetzt in ihm das menschliche Gegenstück, den menschlichen Zwilling? Unsympathisch war Saskia ihm nicht, aber er hatte nicht vor, ein Benhur-Ersatz zu werden.

49 Genf

Aus unserer Sicht, der Sicht des *smarten* Breitwegerichs, war die Inbetriebnahme des CERN ein Erfolg. Es hatten sich ausreichend Interessierte gemeldet und die Übersiedlung in die Schweiz war problemlos abgelaufen. Mit einigen Schiffen ging es durch die Straße von Gibraltar in das Mittelmeer nach Marseille und von dort mit der Hochgeschwindigkeitsbahn TGV, dem Gegenstück zum deutschen ICE, nach Genf. Der Breitwegerich konnte mittlerweile fast das gesamte europäische Schienennetz betreiben.

Die Verteilung der Wissenschaftler war ebenso unproblematisch. Die ausgebildeten Nuklearfachleute kamen in den Wohnheimen und Gästehäusern direkt auf dem CERN-Campus unter, alle anderen fanden ausreichend Wohngelegenheiten in der Stadt selbst. Auch in der Schweiz und im nahen Frankreich hatten die Quänner eine funktionierende Infrastruktur aufgebaut, Versorgung mit Nahrung, Geräten, Fahrzeugen und allen benötigten Apparaturen für die Forschung waren gesichert.

Das gewaltige Rechenzentrum verfügte über ein Exabyte Speicherkapazität, das entspricht tausend Petabyte oder einer Million Terabyte. Diese werden auf sechzigtausenden Magnetbändern gespeichert. Was anachronistisch klingt hat viele Vorteile, denn Preis und Energieverbrauch sind deutlich geringer, die Bänder sind weniger störanfällig und somit sicherer. Festplatten sind im Rechenzentrum nur der Cache für die Bänder.

Das Rechenzentrum arbeitete zuverlässig. Die angesiedelten Wissenschaftler waren motiviert, die Zusammenarbeit mit den Fach-Quännern entwickelte sich fruchtbar. Es wurde auch einiges für die Freizeit geboten. Cricket, Fußball, Rugby-Felder gab es für den Sport, auch einen Fitnesspfad, dazu die vielen Freizeitangebote in der Umgebung: Wassersport auf dem Genfer See, Ausflugs- und Wandermöglichkeiten in den Wäldern des Jura, Klettern und Bergsteigen in den Alpen.

Das CERN führte einen Buchladen und einen Kiosk. In den beiden Post- und Bankfilialen wurden Kinder- und Jugend-Freizeitstätten untergebracht, weil die ursprüngliche Funktion ausgedient hatte. Neben drei Restaurants und sechs Cafeterien gab es fünf Grillplätze sowie zwei zusätzliche Picknick-Areale. Überall standen Trinkwasserbrunnen und Automaten für Getränke und Snacks.

Fahrradfahrer waren mit allem versorgt, mit speziellen Parkplätzen, öffentlich zugänglichen Pumpen, Fahrradverleih und E-Bike-Sharing sowie einer Reparaturwerkstatt.

Die menschlichen Mitarbeiter schienen sich wohlzufühlen und arbeiteten intensiv, konzentriert, ohne sich zu überarbeiten. Die Organisatoren unter den Quännern sorgten für regelmäßige Arbeitsunterbrechungen und boten Gymnastik und Entspannung, so auch Yoga und Qigong, an. Sie ließen keine Schichten über sechs Stunden zu.

Die Leute nutzten die Freizeitangebote, vor allem entwickelten sie eine besondere Vorliebe für Musik. Etliche Mitarbeiter waren Musiker, die ihr Instrument mehr oder weniger virtuos spielten. Musikgruppen bildeten sich und bald hatte das CERN sein eigenes Orchester. Dabei war nicht perfekte Interpretation das Ziel, sondern der Spaß beim Musizieren.

Nicht jeder Mensch kann ein Instrument spielen, aber singen kann jeder, mehr oder weniger gut. Neben dem Orchester gab es bald einen großen Chor, oft probte er mit den Musikern zusammen. Es breitete sich fast schon eine

Gesangseuphorie aus, die so ansteckend wirkte, dass beinahe jeder Mitarbeiter und auch die Angehörigen sangen. Da der CERN-Chor riesengroß geworden wäre, bildeten sich viele kleinere Chöre, die sich zum Teil spezialisierten, so auf Klassik, Jazz, Volksmusik, Schlager und sogar Heavy Metal.

Man sang und spielte nicht nur bekannte Lieder, sondern auch immer wieder Improvisationen. Die Leute intonierten nicht nur bei ihren Zusammenkünften und Proben, sondern auch im Alltag. Sie gingen die Flure entlang und trällerten Lieder oder stimmten, zum Teil mitten in einer Besprechung, eine Melodie an.

Alles in allem: Den Menschen schien es gut zu gehen im CERN, in Genf, in der Schweiz.

*

Hätte man Familie Schrötke, Familie Malyschew, Familie Møller oder die Scharniks befragt, sie hätten mir, Herodot Koslan, bedingungslos zugestimmt, was die Zufriedenheit betrifft. Aus praktischen Gründen wurde in der Stadt Vernier, einem westlichen Vorort von Genf an der Rhone, eine Großsiedlung aus mehreren Wohnkomplexen wiederbelebt. Dort steht das längste Wohngebäude Europas, 1.060 Meter lang, geplant für 10.000 Menschen. Zusammen mit einigen weiteren bis zu 34 Stockwerke hohen Wohnkomplexen bildet es den Stadtteil ›Le Lignon‹. Riesige und komfortable Apartments entstanden durch Verbinden zweier oder gar mehrerer Wohnungen. Das viele Grün in der Umgebung und die Nähe zur Rhone und nach Genf steigerten die Attraktivität. Trotzdem sagte Eqaluk, als der Bus die neuen Bewohner dorthin brachte: »Das sieht ja aus wie der Blok P in Nuuk.«

*

Hätte man Saskia Schrötke und Fjodor Malyschew befragt, sie hätten nicht nur zugestimmt. Überschwänglich hätten sie die Zufälle geschildert, die sie zusammengeführt hatten. Dabei sah es zu Beginn nicht rosig aus für die Beziehung. Fjodor war irritiert von der Art, wie Saskia ihn umwarb. Nicht dass er nie eine feste Beziehung eingehen wollte, nur fühlte er sich jetzt noch nicht reif genug. Auch war er das Einzelgängertum so sehr gewohnt, dass er manchmal zweifelte, überhaupt dauerhaft mit einer anderen Person, einer Frau, zusammenleben zu wollen. Auf Teneriffa war er meist im riesigen Naturpark Corona Forestal unterwegs gewesen, denn diese Streifzüge dort milderten das Heimweh nach den Komi'schen Wäldern. Von Genf aus unternahm er Streifzüge in den Französischen Jura, rund um den höchsten Berggipfel Crêt de la Neige, der eine Höhe von 1720 Metern erreicht.

Saskia hatte ein gutes Stück Arbeit damit gehabt, Fjodor ›herumzubekommen‹. Nicht dass sie etwas gegen Wandern gehabt hätte, im Gegenteil. Sie hatte die Ausflüge in den Grunewald und andere Berliner Forste geliebt, dort aber war alles flach. Auf Teneriffa musste sie sich erst mit den steilen Hängen anfreunden. Auch im Jura gab es ordentliche Steigungen, und nicht weit von Genf begann das alpine Hochgebirge, der Mont Blanc ist nur achtzig Kilometer entfernt.

Oft begleitete Saskia ihren Schwarm zu Wanderungen und auf Klettersteige. Immerhin nahm er sie mit. Fjodor redete nicht viel und Saskia wollte sich nicht auch noch verbal aufdrängen. Das Schweigen fiel ihr leicht, denn die Ruhe tat ihr gut, Fjodors coole Art beeindruckte sie. Sie genoss die gute Luft, die Schönheit der Landschaft und spürte wie gut auch ihr die Bewegung tat. Ihre Kondition wurde besser und besser. Bald konnte sie dem schnellen, geübten Schritt ihres Angebeteten mühelos folgen – was wiederum ihn beeindruckte

Auf einigen Strecken begleitete Benhur die jungen Leute. Saskia hatte sehr darauf gedrängt, dass er mitkam in die Schweiz, und die Plantagogemeinschaft hatte zugestimmt.

Bergtouren im Jura können anstrengend werden, es gilt nicht nur, ordentliche Höhenmeter zu überwinden, sondern auch knackige Kletterpartien zu meistern. Bedrohliche Gefahren wie im Hochgebirge sind nicht zu erwarten, aber Wetterumschwünge, Regen, Nebel und rutschiges Laub können Probleme bereiten.

Gerade das passierte Saskia und Fjodor. Sie hatten an einem Samstag den Crêt de la Neige erklommen, auf dem flachen Gipfel ihren Tee getrunken und ihre Stullen gegessen, da verfinsterte sich der Himmel. Obwohl der Wetterbericht nicht darauf hingedeutet hatte, schüttete es schlagartig in Strömen und heftiger Wind kam auf. Hastig packten die jungen Leute ihre Habseligkeiten zusammen und machten sich an den Abstieg. Saskia ging voran und hörte Fjodor plötzlich hinter sich aufschreien. Er saß auf dem nassen Hang, stöhnte und hielt sich den rechten Knöchel. Sie eilte zu ihm und half ihm auf, er hielt sich fest und versuchte, vorsichtig aufzutreten.

»So ein Mist«, fluchte er auf Englisch. »Das ist ja genau wie an dem Teich, wo ich erstmals die Quänner entdeckt habe.«

Saskia kannte die Geschichte. »Na, hier kommen wenigstens keine Wölfe«, beruhigte sie ihn und sich selbst.

»Ich habe nicht mal ein Gewehr dabei«, lachte er. »Schnapp dir schon mal einen Knüppel, damit du mich verteidigen kannst.«

»Meinst du, da ist was gebrochen?«

Fjodor hüpfte auf einem Bein herum und versuchte immer wieder, mit den Zehen aufzutreten, dazwischen strich er sich die Regenrinnsale aus dem Gesicht. Er konnte den Fuß etwas mehr belasten und meinte: »Nein, gebrochen ist wohl nichts, tut aber ganz schön weh.« Er ließ sich die Teleskopstöcke reichen, die beim Ausrutschen in hohem Bogen durch die Gegend geflogen waren. Der Regen nahm eher noch zu, Nebel begann aufzuziehen.

»Das schaffen wir nie runter, bevor es stockdunkel und kalt wird«, stellte Saskia fest. »Hier in der Nähe gibt es eine Hütte, ›Refuge de la Loge‹. Dürfte nicht mehr als drei Kilometer weit weg sein. In gut einer Stunde sind wir dort, maximal in zwei. Das ist die, die früher bewirtschaftet war. Da konnte man übernachten und bekam auch etwas zu essen. Vielleicht schaffen wir es ja hinein und können uns wenigstens aufwärmen.«

Fjodor war einverstanden. Sie brauchten nicht eine Stunde, auch nicht zwei, sondern fast drei. Durchnässt und ausgehungert kamen sie an. Die Hütte war nicht verschlossen. Leichen gab es nicht, auch hier hatten die Quänner sie bestattet und freundlicherweise hatten die Breitwegeriche Feuerholz, Konserven und Wäsche dagelassen. Saskia fand einige Decken und wickelte Fjodor darin ein. Sie entfachte ein Feuer im Kaminofen und hängte die nasse Kleidung darum herum auf. Sie fand Kakao, Trockenmilch, Knäckebrot, Fleisch und Wurst in Dosen. Saskia bereitete daraus ein einfaches Abendessen zu, während ihre Sachen am Ofen trockneten. Der Regen hatte sich gelegt. Frisch gestärkt und aufgewärmt traten Saskia und Fjodor vor die Hütte.

Die Wolken hatten sich etwas verzogen, das Abendrot kam durch und schimmerte über der Bergkette im Westen. Fjodor ließ sich trotz der Schmerzen nicht davon abhalten, ein Stück den Hang hochzusteigen, leicht auf Saskia gestützt. Die jungen Leute erlebten einen überwältigenden Sonnenuntergang. Er war wie ein Gemälde, das die Natur selbst erschaffen hatte, eine Explosion aus Farben, die den Himmel in flammendes Rot, glühendes Orange und kräftiges Violett tränkte, wie auf Emil Noldes expressionistischen Bildern. Nur dass die eingefärbten Wolken lebendig wirkten, sich veränderten, ihre Farbe wechselten und insgesamt dunkler und dunkler wurden.

Es war ein Schauspiel, das den jungen Leuten das Gefühl gab, Zeugen von etwas Großem, Schönem und Vergänglichem zu sein – ein Farbenspiel, das nur die Natur so mühelos gestalten kann.

Erstmals übernachteten Saskia und Fjodor in einem Bett. Nach ihrem Abenteuer mit dem glimpflichen Ausgang drängte alles in ihnen zueinander.

Nach dieser Nacht waren die beiden ein Paar.

50 Wunschkind

Saskia und Fjodor wünschten sich ein Kind. Sie wünschten sich ein besonderes Kind.

»Benhur, was würdest du davon halten«, hatte die junge Frau ihren Quann-Freund gefragt, »wenn ihr Plantagos meinem Baby euer Organ einpflanzt?«

»Welches Organ?«

»Das Plantago-Organ. Das da, in eurem Mycel. Das Organ für die Plantagonen und Antigonen.«

»Du meinst, euer Baby soll das Plantago-Organ erhalten?«

»Ja, sag ich doch. Du bist doch sonst nicht so schwer von Kapee.«

Benhur schwieg eine Weile. »Ihr komischen Menschen. ›Komisch‹ hier in der Bedeutung mit *seltsam*. Ihr mit euren Ideen, euren seltsamen Ideen, kein Breitwegerich würde auf so etwas kommen. Aber das war ein Glück für euch, eure Ideen waren der Grund, die *Guten* von euch zu erhalten.«

Er konnte Saskias Frage allerdings nicht beantworten. Er war ein Quann und damit vom allgemeinen Wissen des Breitwegerichs abgeschnitten und bot an, über den Plantago medius Erkundigungen einzuholen. Saskia stimmte zu, und Benhur verzog sich in seine Wohnung, um über AskPO die Sache zu klären.

Eine weitere Angelegenheit wollte der Quann klären, ganz für sich alleine. Saskia war der Mensch, der ihm bisher am nächsten gekommen war. Soweit ihm bekannt war, hatte keiner seiner Mitquänner eine ähnlich intensive *Beziehung* zu einem Menschen aufbebaut. Er hatte sich mit ihr ausführlich über Liebe und Freundschaft ausgesprochen. Saskia hatte letztlich ihre Beziehung als Freundschaft interpretiert. Das konnte er annehmen. Er hatte begriffen, dass er für die junge Frau eine wichtige ›Person‹ war, und sie war es ebenso für ihn.

Nun kam ein junger Mann daher, ein Fjodor aus dem fernen Komi. Der war jetzt eindeutig die wichtigste Person in Saskias Leben, wichtiger vielleicht als ihre Eltern.

Ein Mensch hätte an unter diesen Umständen wahrscheinlich Eifersucht verspürt. Eindeutig war, das er, der Quann, von der Nummer Eins zur Nummer zwei degradiert wurde. Für einen Menschen wäre das ein Auslöser für Neid und Missgunst geworden.

So tief er auch in sich hineinhorschte – auch das ist in Wirklichkeit ein menschlicher, kein Plantago-Begriff – Behur konnte keine Eifersucht feststellen. Es war, wie es war. Fjodor war der Geliebte, er war der Freund. Dabei konnte es bleiben, dabei sollte es bleiben.

Auch ein anderes Gefühl konnte sich Benhur nicht erklären, er konnte sich nicht in dieses hineinversetzen – das Verliebtsein. Was war das, das zwei Menschen derart zueinander hinzog, das eine tiefe Begeisterung füreinander auslöste. Es war ihm vollkommen fremd. Dazu hatte er keinerlei Zugang.

Benhurs Erklärung war, dass es mit der Fortplanzung zu tun haben musste. Bei ihm reiften die Pollen in seinen Ähren. Die rieselten irgendwann heraus und wurden günstigstenfalls durch einen Windzug zu einem Sempel einer Blüte geweht. Dort bildete sich ein Samenkorn, und aus dem eine neue Pflanze.

Bei Tieren müssen zwei Individuen intensivste körperliche Nähe und intimste Berührung zulassen, und die auch noch ausgesprochen heftig, damit sich letztendlich Samen- und Eizelle vereinigen können.

Ja, so war es. Verliebtsein war ein Bausteinchen im Fortpflanzungsgeschehen. Eifersucht entstand aus Zurückweisung und damit der fehlenden Chance, eigenen Nachwuchs zu bekommen.

Das hatte Benhur mit sich geklärt, damit konnte er das Grübeln über dieses Thema beenden. Nur trifft das Wort ›Grübeln‹ nicht ganz zu. Grübeln tut der Mensch, der Breitwegerich lässt Informations-Allogrithmen ablaufen.

Während Benhur sich auf seine Art Klarheit verschaffte, diskutierte das junge Paar über Für und Wider der Idee. Saskia war besessen von dem Gedanken, ihr Kind, als erstes auf der Welt, könnte mit dem neuen Organ über all das Wissen des Breitwegerichs verfügen.

Fjodor war skeptisch. Es sei noch nie gelungen, irgendwelche Tierarten vollkommen beliebig zu kreuzen. Es gebe nur wenige Ausnahmen, und die auch nur bei verwandten Tieren: Pferdestute und Eselshengst zeugen ein *Maultier*. Kreuzung aus Eselsstute und Pferdehengst ergeben einen *Maulesel*.

Weiter fand Fjordor heraus, dass auch Zebras und Pferde wurden gekreuzt wurden. Der Nachwuchs ist ein *Zorse*, der Name aus dem Englischen gebildet aus *zebra* und *horse*. Der *Zonkey* ist die Mischung aus Zebra und Esel, englisch *donkey*. Auch bei Großkatzen gibt es solche Hybride. Die haben dann so lustige Namen wie *Töwe, Jaglion, Leopon, Liger, Jager, Leoting, Liguar, Tiguar, Lepjag, Liard, Tigard* und *Jagulep*, je nachdem, wie Löwe, Tiger, Jaguar und Leopard miteinander Nachkommen haben.

»Und was du dir wünschst«, hielt Fjodor seiner Liebsten vor, »das ist eine Kreuzung zwischen Mensch und Pflanze!«

»Quatsch. Unser Baby wird eine Kreuzung aus dir und mir. Punkt. Aus. Basta. Es bekommt nur ein paar zusätzliche Gene. Und die sind nicht unbedingt pflanzlich. Das Plantago-Gen ist etwas ganz Eigenständiges, das hat es beim Wild-Breitwegerich nicht gegeben. Das ist durch eine verrückte Kreuzung neu entstanden. Das ist unabhängig von dem Lebewesen, zu dem es gehört. Das kann in jedem Tier vorkommen, auch im Menschen. So sehe ich das.«

Fjodor konnte die Argumente nicht voll entkräften. Saskia schwärmte ihm vor, welche Chancen in dem Versuch lägen, ein Kind zu haben, das mit einer Menge Wissen auf die Welt kommt. Ihr Freund wurde nachdenklich. Dieser Gedanke gefiel ihm, das musste er sich eingestehen.

»Und soll es dann auch Kohlenmonoxid erzeugen oder so etwas?«

»Das geht doch nicht, das weißt du ganz genau. Das können nicht mal alle Breitwegeriche. Das kann nur der Plantago militaris.«

»Aber was soll es dann machen mit seinen Antigonen?«

»Na, es hält sich damit gesund«, war Saskias eindeutige Ansicht. »Es kann jedes Bakterium und jedes Virus einzeln abschießen. Es kann Krebszellen vernichten, kurz nachdem sie entstanden sind.«

»Hört sich gut an«, gab Fjodor zu. »Aber wer weiß, ob alles so klappt, wie du dir das vorstellst. Wir wissen noch nicht mal, was Benhur beim Plantago herausgefunden hat.«

Auf dieses Wissen mussten die beiden nicht lange warten. »Prinzipiell hält AskPO es für möglich, dass das Organ in Tier oder Mensch eingebaut wird«, verkündete der Quann nach seiner Anfrage. »Er hält aber ausgefeilte Versuchsreihen für nötig, bevor das erste Plantago-Gen in eine menschliche Zygote eingesetzt wird. Das müsste dann auch unmittelbar nach der Befruchtung geschehen.«

Das Paar und Benhur besprachen Einzelheiten. Benhur wollte eine Reihe menschliche und plantagische Forscher mit einbeziehen. Das lehnte Saskia strikt ab, sie wollte keinesfalls, dass ihre Eltern von dem Projekt erfahren sollten, weil sie deren Ablehnung fürchtete. Nicht, dass sie ihr etwas verbieten könnten, sie war ja volljährig. Doch wollte sie sich auf keinerlei Streiterei im Vorfeld einlassen. Sie wollte Marga und Peter mit dem Superbaby überraschen und im Nachhinein würden sie das Experiment schon gutheißen.

Fjodor stand in seinem Studium der Forstwissenschaft kurz vor dem Master. Saskia hatte ihre Ausbildung zur Biologielaborantin nach dreieinhalb Jahren bereits abgeschlossen und arbeitete im Unilabs, dem Schweizer Diagnostikunternehmen, das vor der Apokalypse fünftausend Mitarbeiter beschäftigt hatte. Es wurde mehrheitlich von Quännern betrieben, die auch genetische Tests durchführten. Hier konnten Versuchsreihen gestartet werden, in denen sowohl Saskia als auch Fjodor aktiv eingebunden waren, denn in den Laboren seines Instituts hatte er gute Erfahrungen sammeln können.

Diese Versuchsreihen fanden statt. Benhur stand in ständigem Kontakt mit Gesamt-Breitwegerich-AskPO, der das Studiendesign entwickelte und bald ging es los. Bei der Taufliege ließen sich die gut hundert Gene einpflanzen und das Tier lebte. Das war schon einmal ein guter Start.

Die Versuche zogen sich hin. Mäuse, Ratten, Meerschweinchen, Kaninchen, Katzen und Hunde bekamen Plantagonen-Gene in ihr Erbgut eingepflanzt, wobei es überraschend wenig Komplikationen gab. An Primaten trauten die jungen Forscher sich nicht heran, damit wären sie womöglich doch aufgefallen. Alle Tiere, die mit den Genen versorgt waren, unterschieden sich nicht wesentlich von ihren Eltern, nur verlief die Entwicklung viel schneller und alle waren messbar intelligenter.

Doch Saskia und Fjodor waren sich einig: Sie konnten den Versuch wagen. Sie waren sich sicher, ihrem Wunschkind würden die Gene nicht schaden, vielmehr waren sie zuversichtlich, dass es gewaltig davon profitieren würde.

Saskia setzte die Pille aus…

Es wurde langsam Zeit für Nachwuchs, das Paar war mittlerweile Mitte zwanzig. Es war voller Vorfreude.

51 Messias

Der errechnete Geburtstermin war Dienstag, der 24. Dezember.

Es war so weit; es war der Morgen des Heiligen Abend. Es sollte ein Weihnachtskind werden. Saskia lag im Kreißsaal des Hôpital Universitaire de Genève, eine Hebamme und ein Frauenarzt betreuten sie, Fjodor stand an ihrer Seite und drückte ihre Hand. Die Wehen kamen regelmäßig, die Fruchtblase war geplatzt. Wenn sie bei der nächsten Wehe wimmerte, schaute der baldige Vater sie ratlos an und schien hilfloser als sie selbst.

»Der Muttermund ist fünf Querfinger offen«, verkündete die Hebamme. »Die Übergangsphase ist geschafft! Das Köpfchen ist gut zu sehen. Jetzt kommen die Presswehen.«

Vor denen hatte sich Saskia immer am meisten gefürchtet, nach dem, was sie gelesen hatte. Sie kommen im Minutentakt und sollen sehr schmerzhaft sein. Doch so schlimm waren sie gar nicht. Ihr kam es so vor, als wollte das kleine Wesen sich selbst aus dem Geburtskanal winden. Wurde es ein Mädchen oder ein Junge? Saskia wusste es nicht mehr, obwohl das Geschlecht schon vor Monaten im Ultraschall bestimmt worden war. Auch den Namen, den es bekommen sollte, hatte sie vergessen. War sie so nervös?

Die Geburt verlief viel leichter, als die junge Mutter befürchtet hatte.

»Der Kopf ist draußen«, beobachtete die Hebamme. »Das Schlimmste ist geschafft! Aber was macht der Kleine denn da? Der streckt ja selbst die Ärmchen nach draußen. So was habe ich noch nie gesehen. Der stemmt sich von selber aus dem Beckenboden raus!«

Ungläubig betrachteten auch Fjodor und der Arzt jetzt das Geschehen. Saskia hob ihren Kopf und starrte zwischen ihre Beine. Das Baby versuchte, sich mit aller Kraft aus ihr herauszuwinden, als wolle es aus einer Grube klettern, in die es gefallen war. Schließlich hatte es es geschafft. Es raffte sich auf, stellte sich auf das Bett und rief mit einer quiekenden Babystimme:

»*Uff, das wäre vollbracht! Hätte nicht gedacht, dass es so anstrengend wird.*«

Allen Anwesenden klappte der Mund auf. Sie konnten kaum fassen, was sie hier erlebten. Nur der Kleine schien unbeeindruckt und plapperte weiter. Er blickte sich um und sah dann Saskia ins Gesicht.

»*Du bist meine Mama, hab ich recht?*« Er ging in den Vierfüßlerstand und robbte über ihren Bauch auf ihr Gesicht zu. »*Danke, Mama, dass du mich zur Welt gebracht hast.*« Die junge Mutter war noch immer sprachlos und sah sich um, vollkommen hilflos. Immerhin konnte sie ihre Arme um das Baby schlingen.

»*Du bist mein Vater*«, sagte es und deutete auf Fjodor. »*Danke, dass du mich gezeugt hast und danke, dass ihr mich* Christian *nennt. Das ist ein schöner Name.*« Und es deutete weiter in die Runde und bedankte sich bei Hebamme und beim Geburtshelfer für die Unterstützung.

»Mein Gott, du kannst ja reden«, entfuhr es schließlich Saskia.

»*Na klar kann ich reden. Das habt ihr doch so gewollt. Ihr habt mir das Plantagonen-Gen mitgegeben. Ich spreche acht Sprachen: Deutsch, Komisch, Russisch als Muttersprachen und die wichtigen Fremdsprachen Englisch, Spanisch, Französisch, Chinesisch und Japanisch.*«

Christian sprach wie ein erwachsener Mensch mit dieser quäkenden Stimme eines Babys, noch dazu einer Stimme, die eigentlich nur für Plärren und Grunzen ausgelegt war. Saskia war beunruhigt. War es das, was sie gewollt hatte? Das war doch nicht normal, nicht natürlich.

»*Jetzt brauche ich aber etwas zum Anziehen*«, gebot der winzige Christian. »*Langsam wird mir kalt. Gebt mir mal die Sachen rüber.*«

Die Hebamme reichte Windel, Höschen, Strampelhose und Jäckchen. »*Die Windel brauche ich nicht*«, erklärte Christian, und es schien, als sei er leicht gereizt. »*Ich bin doch sauber!*« Dann schnappte er sich die Kleidung und zog sich an, als ob er das ›schon immer‹ so gemacht hätte.

»Was du alles kannst!«, brachte Fjodor nun heraus. »Das hätte ich nicht gedacht. Das hätten wir wohl alle nicht gedacht, dass das herauskommt bei unserem Experiment.«

»*Ja, das ist euch gelungen, euer Experiment. Ich bin das erste hochintelligente Baby auf dieser Welt. Ich habe das komplette Abiturwissen und habe jetzt schon das Wissen eines Studium generale. Ich besitze fünffach gesteigerte Auffassungsgabe und zehnfach gesteigerte Gedächtniskapazität. Ich werde das erste Supergenie dieser Welt werden.*«

»Und ein mindestens hundertfaches Selbstwertgefühl hast du wohl auch«, bemerkte jetzt der Geburtshelfer. »So einen neunmalklugen Dreikäsehoch habe ich noch nie erlebt.«

Unbeeindruckt fuhr Christian fort: »*Jetzt habe ich Hunger. Ist ja kein Wunder nach dieser Schufterei. Gib mir mal die Brust, liebe Mama.*«

Saskia öffnete ihren Still-BH. Christian starrte darauf und sagte: »*So ein schöner, praller, runder Busen!*« Sein Blick bekam einen frivolen Ausdruck.

»Jetzt reicht es aber. Benimm dich endlich wie ein Baby und nicht wie ein notgeiler, alter Sack.« Saskias Stimme zitterte vor Empörung.

Christian sprang auf den Nachttisch und schrie quäkend oder quäkte schreiend: »*Ich bin kein Baby. Ich bin der Messias.* ***ICH BIN DER NEUE MESSIAS!***«

Saskia wich entsetzt zurück, rutschte über die Bettkante und fiel mit dem Rücken auf den Boden.

Der Rücken schmerzte. Saskia sah sich um. Es war dunkel um sie herum. Wieso war das Licht aus? Wo war ihr frühreifer Sohn? Aus dem Dämmerlicht schälte sich ihr Bett heraus. Sie lag neben ihrem eigenen Bett im eigenen Schlafzimmer, nicht im Kreißsaal. Das war ein Traum, ein Traum, so unwirklich, und doch so real. Was war das für ein Albtraum!

Gott sei dank war es ein Traum. Erleichtert lachte sie los. Hinterkopf, Schultern und Becken schmerzten. Das Lachen ging in Schluchzen über.

Fjodor beugte sich über sie. Er war wach geworden und hatte gemerkt, dass etwas nicht stimmte. »Was ist passiert?«, fragte er. Saskia hatte ihren Freund nicht kommen sehen, jetzt aber schlang sie erleichtert ihre Arme um seinen Hals.

»Nichts ist passiert«, sagte sie. »Und doch ist alles passiert!«

52 End

Patt.

Ich welkte. Ich, Herodot Koslan, begann zu welken. Wir welkten. Wir, der *smarte* Breitwegerich welkten.

Ohnmacht.

Ich kannte keine Ohnmacht. Ich, Herodot Koslan, kannte keine Ohnmacht. Wir kannten keine Ohnmacht. Wir, der *smarte* Breitwegerich spürten die Ohnmacht nahen.

* * *

Saskia hielt ihr Baby im Arm, es war ein Junge. Witali, der Lebendige, sollte er heißen. Ein ganz normaler Junge. Nach der Entbindung fing er an zu schreien, mit einer ganz normalen Babystimme wie alle Neugeborenen. »Alles in Ordnung«, hatten die Hebamme Anneliese und der Quann-Geburtshelfer Rhazes nach der ersten Untersuchung gesagt. Fjodor durfte seinen Sohn in den Arm nehmen und in ein warmes Wasserbad tauchen. Nach einigen Minuten bekam er seine erste Windel, sein erstes Hemdchen und seine erste Strampelhose angezogen. Fjodor brachte ihn vorsichtig zu Saskias Bett, Witali ruderte mit den Ärmchen durch die Luft. Als er auf ihrem Bauch lag, drehte er sein Köpfchen unruhig hin und her. Saskia betrachtete ihn verzückt, drückte ihn leicht an sich und gab ihm ihre Brust.

Witali saugte kräftig, trank sich satt. Er machte das erwartete Bäuerchen, nahm seinen Kopf entspannt zurück und schlief ein.

Eine gewisse Unruhe entstand. Saskia blickte auf. In dem Fenster vor dem Kreißsaal standen ihre und Fjodors Eltern sowie Benhur, alle strahlten und winkten. Die Hebamme stand am Fußende, Fjodor an ihrer Seite. Rhazes sackte unvermittelt zu Boden. Die Hebamme und Fjodor beugten sich zu ihm. Derweil bemerkte Saskia, dass auch Benhur hinter dem Fenster taumelte.

»Schnell«, rief sie und fuchtelte mit dem linken Arm. »Holt Hilfe, Rhazes ist ohnmächtig.« Witali wachte auf und schrie. Vom Flur her kamen laute Stimmen, Mediziner und Pfleger eilten heran, rissen die Tür auf und stürzten sich auf den Geburtshelfer. Jemand brachte eine Trage, auf die wurde er gelegt und im Eiltempo in den Schockraum gebracht. Eine zweite Gruppe Helfender brachte Benhur ebenfalls dorthin.

Saskia wunderte sich, dass kein Quann zu Hilfe gekommen war, obwohl die Hälfte der Krankenhausbelegschaft, sowohl der Ärzte als auch des Pflegepersonals, aus Quännern bestand. Die Hebamme fasste sich als erste. »Uff«, meinte sie. »Das habe ich noch nie erlebt. Die Typen sind doch unverwüstlich, die werden doch nicht krank. Aber jetzt ist er ja versorgt.« Und zu Saskia gewandt: »Leg den Kleinen doch noch mal an die Brust, dann hört er auf zu schreien. So ein Tumult ist ja für ihn auch nicht gerade der beste Start in sein kleines Leben.« Die Frau wusste aus Erfahrung, was als nächstes zu tun sei, sie bat die Angehörigen ins Zimmer.

Sie traten nacheinander zu Saskia, küssten sie auf Wange und Stirn, streichelten ihr über den Arm und dem Baby über das Köpfchen Wange und gratulierten ihr. Fjodor drückten sie fest in die Arme. Alle miteinander bestätigten sich, wie froh sie waren, dass die Geburt gut abgelaufen war und sie einen gesunden Sohn und Enkel bekommen hatten. Ja, Marga, Julia, Peter und Alexei waren nun Großeltern.

»Was mag denn mit Rhazes los sein?«, fragte sich Saskia. »Und Benhur ist es ja auch schlecht gegangen, gleichzeitig. Ich habe ihn doch vor dem Kreißsaal gesehen.«

»Denen geht's schon bald wieder gut«, versicherte Peter Schrötke.

»Wie kannst du das wissen?«

»Weil wir das waren.« Er schaute Alexei Malyschew verschmitzt an und dieser grinste ebenso zurück. Alle Frauen, auch die Hebamme und Fjodor sahen sich verständnislos an.

»Ja, das Verhältnis Mensch zu Quännern hat sich in diesem Moment grundlegend geändert«, behauptete Alexei. »Zum gesamten Breitwegerich, genau genommen«, ergänzte er.

Das war ein Satz, der den Uneingeweihten noch lange keine Klarheit brachte, aber Peter und Alexei klärten sie auf. Witali schlief bereits wieder.

»Wir haben es geschafft, das Plantago-Organ zu beeinflussen. Wir haben im FCC eine Antigon-Art hergestellt, die sämtliche Breitwegerich-Zellen modifizieren kann. Wir lassen einfach die Zellwände durchlässig werden. Sie verlieren Wasser. Die Pflanzen vertrocknen, die Quänner kommen in eine Art Schockzustand«, erklärte er.

»Es hat geklappt«, ergänzte Alexei stolz.

»Ihr bringt sie also um?«, sorgte sich Marga entsetzt.

»Nein, wir bringen sie nicht um. Ich sagte doch, den beiden hier geht es bald wieder besser. Wir zeigen ihnen aber ihre Grenzen auf.«

»Und wieso hast du nie ein Sterbenswörtchen davon gesagt?«, wollte Marga wissen. Sie war leicht empört.

»Dann wären wir aufgeflogen. Wir durften nicht reden. Wir standen ja unter ständiger Plantago-Überwachung.«

»Aber ihr müsst euch doch verständigt haben!«

»Wir haben gesungen!«, war Alexeis überraschende Antwort.

»Gesungen?«

»Ja, gesungen. Als Saskia von Benhur berichtete, dass der Breitwegerich mit Gesang so gar nichts anfangen kann, haben wir es probiert. Wir sangen uns unsere Umsturzpläne vor, zuerst recht harmlose. Aber der Plantago hätte irgendwie reagieren müssen. Tat es aber nicht. So wurden wir immer sicherer.«

»Und deshalb habt ihr die ganzen Chöre gegründet«, vermutete Julia.

»So ist es«, bestätigte ihr Mann. »Und Eqaluks Stufendenken hat uns geholfen.«

Das war auch wieder erklärungsbedürftig. Alexei erklärte die Meditationstechnik des Grönländers, mit der er es fertig brachte, mehrere Gedankengänge in verschiedenen Schichten ablaufen zu lassen. Oberflächlich sang er ein Volkslied, darunter erzählte er sich innerlich ein Märchen und in der dritten Schicht durchdachte er das, worauf es eigentlich ankam. Das war anfangs schwer zu erlernen, aber die Aufständischen wurden darin immer besser. Eqaluk selbst schaffte eine vierte, in Ansätzen sogar fünfte Schicht, aber bereits bei der dritten konnten sie sich sicher sein, dass der Plantago nichts davon mitbekam.

* * *

So war es. Der Mensch hatte uns, den *smarten* Breitwegerich, übertölpelt. Waren wir wirklich *smart*? Wer von uns war die *smartere* Intelligenz?

Wir, der Breitwegerich, all die Plantagowesen, mussten klein beigeben.

Die Wissenschaftler am CERN hatten eine wirklich ausgefeilte Methode entwickelt. Hauptverantwortlicher war Bernhard Scharnik, denn Seine Point-Theorie und das postulierte Boson, das er scherzhaft Scharnik-Boson genannt hatte, brachten ihnen den Durchbruch. Das Boson war das Werkzeug, mit dem die Forscher punktgenau in unseren Wasserhaushalt eingreifen konnten. Sie ließen Zellwände und Haut durchlässig werden, wir verloren die Flüssigkeit und hatten das Gefühl zu welken. Wir hatten nicht nur das Gefühl, wir sahen unsere Haut auch welken, sie warf Falten. Und wir wurden dünner. In dieser Hinsicht sind wir dem Menschen sehr ähnlich. Wir fühlten noch etwas: Angst. Existenzangst, Todesangst. Das war wahrscheinlich das erste, starke und richtige, aber unangenehme Gefühl, das wir empfinden konnten.

*

Die Menschen brachten uns nicht um. Hätten sie uns umgebracht, dann würde ich, Herodot Koslan, nicht mehr leben. Ich hätte das Buch nicht schreiben können. Ich hätte nicht von dem berichten können, was passiert ist. Wäre es dann überhaupt passiert?

Die Humanen stoppten unsere Dehydrierung gerade in dem Moment, als wir begannen, das Bewusstsein zu verlieren. Durch Flüssigkeitszufuhr konnten sie den Prozess einfach, schnell und leicht abbrechen und rückgängig machen.

Zuvor aber verhandelten sie mit uns. Sie dachten klar und deutlich, ohne Gesang und ohne Stufendenken. Sie erklärten eindeutig, dass sie uns alle jederzeit töten könnten, so wie wir es mit ihnen gemacht hätten. Jetzt waren sie es, die uns eine Kooperation anboten, eine Kooperation aufgrund eines ausgeglichenen Machtverhältnisses. Jeder von uns hatte die Möglichkeit, den anderen zu eliminieren, aber diesmal saßen die Humanen am längeren Hebel. Sie hatten den Finger am Abzug ihres Gewehres, wir hatten unseres beiseitegelegt. Der Gegner beobachtete genau, ob wir danach greifen würden und würde genau das verhindern.

Es gab nichts zu überlegen, es gab nicht lange zu überlegen. Die Gemeinschaft der Plantagowesen stimmte zu. Nach und nach wurde die Dehydrierung gestoppt. Nach und nach durften wir trinken. Einige von uns bekamen Infusionen, die, die bereits zu schwach für die orale Flüssigkeitsaufnahme waren. Die CERN-Leute überwachten genau, ob sich irgendwo Kohlenmonoxid oder Lachgas ansammelte. Aber wir hatten einen Vertrag geschlossen und wir würden uns daran halten.

»Vertrauen ist gut, Kontrolle ist besser« ist ein berühmtes Zitat der Menschen. Wir konnten sie verstehen. Wir stellten die unmittelbare Gedankenkontrolle und die Gift- und Narkosegas-Produktion ab.

Verständigung zwischen Mensch und Plantago lief nur über Gespräche, schriftlich und Telekommunikation, nicht mehr über Gedanken.

In der Folge wurden weitere Punkte ausgehandelt:

Die Versorgung der Menschen übernahmen nach wie vor weitestgehend die Quänner.

Die Menschen durften sich nach und nach bis auf eine Anzahl von zwei Milliarden Exemplaren vermehren, was der doppelten Anzahl der vorindustriellen Zeit um 1800 entsprach und damit der Weltbevölkerung von 1927. Diese Menschenmenge sollte im ökologischen Gleichgewicht vertretbar sein.

Leben und Produktion sollten weiterhin mit äußerst geringen umweltschädlichen Ausstößen einhergehen.

Was sich nicht vermeiden ließ, sollte der Plantago militaris neutralisieren.

Der Breitwegerich sollte dem Menschen seine Fähigkeiten zur Verfügung stellen, als da waren:

- Erforschung des Universums, der schwarzen Materie und der dunklen Energie
- Ausmerzung sämtlicher genetisch bedingter Erkrankungen beim Menschen durch Korrektur der Defekte.

Weitere Vereinbarungen kamen hinzu:

- Übertragung der Fähigkeit zu Intuition und Gefühlswelt auf den Plantago, verbunden mit einem echten Erleben von Schönheit und einem Gefühl für Ästhetik.
- Der Plantago wird ein Gleichgewichtsorgan entwickeln.

- Der Mensch führte für seine Angelegenheiten die Demokratie wieder ein und bildete Verwaltungs- und politische Strukturen. Die meisten der Nachteile dieser Regierungsform waren dadurch gebannt, dass durch die Apokalyps sämtliche Einfaltspinsel, Egoisten, Egomanen und Egozentriker beseitigt waren.
- Der Plantago blieb bei seinen Gemeinschaftsbeschlüssen, die jedoch erst nach Anhörung unterschiedlicher individueller Ansichten gefasst wurden.

Es war ein neuer Anfang. Ein vielversprechender Anfang.

* * *

Es war nicht nur ein neuer Anfang für *den Plantago* und *den Menschen*.

Viele Menschen und einige Quänner richteten sich ein neues Leben ein oder nahmen ihr altes soweit möglich wieder auf.

Die Schrötkes zogen zusammen mit den Scharniks zurück nach Berlin. Elena und Eqaluk gingen zurück nach Nuuk, die Malyschews kehrten zurück nach Koslan. Saskia ging mit, sehr zum Leidwesen ihrer Eltern, aber zur Freude ihrer Schwiegereltern. Sie wollte wissen, wie *komisch* die Wälder dort sind und sie spürte, dass Fjodors Heimweh größer war als ihres. Zu ihrer großen Freude begleitete sie Benhur, der das Gefühl hatte, dass er außer der erfahrenen Todesangst auch eine Ahnung von Sympathie, Zuneigung, vielleicht sogar Liebe empfinden konnte.

Saskia fragte Benhur, wie es ihrem Kind gegangen wäre, hätte sie nicht diesen Albtraum gehabt und wäre wirklich das Plantagon-Gen eingepflanzt worden. »Dein Kind wäre gestorben«, war seine Meinung.

»Wieso denn das?«, widersprach Saskia. »Die CERN-Leute haben eure Zellen doch nur ein bisschen austrocknen lassen.«

»Bei uns konnten sie den Prozess jederzeit stoppen. Sie hatten ihn derart raffiniert gesteuert, dass er reversibel blieb. Bei deinem Kind wären die Verbindungen zwischen menschlichen und Plantago-Zellen extrem komplex geworden und jede Minderung der Zellleistungen hätte zu einem Kollaps des gesamten Organismus geführt.«

Saskia, die junge Mutter, war erleichtert, dass sie ihr Projekt aufgegeben hatte. Ihr Vater hätte, ohne es zu wissen, seinen eigenen Enkel umgebracht.

»Nun habe ich aber auch eine Frage, eine ganz andere Frage«, hob Benhur an.

»Nur zu«, ermutigte ihn Saskia. »Im Nachhinein finde ich es sowieso als absurd, dass ich je auf so eine verrückte Idee kommen konnte.«

»Meine Frage ist eine Verständnisfrage, mehr oder weniger«, begann der Quann-Freund. »Ihr Überlebenden seid doch allesamt engagierte Naturfreunde und -schützer. Deshalb ist die Auswahl auf Euch gefallen. Wir, die Gesamtheit des Plantago haben die Natur und uns selbst vor dem Untergang durch die Menschen ohne Vernunft bewahrt. Wir haben euch und uns gerettet. Wir hatten Möglichkeiten zur Verfügung, die ihre nicht hattet. Trotzdem haben wir an einem Strang gezogen.«

»Da gebe ich dir recht«, bestätigte Saskia.

»Jetzt kommt das, was ich nicht verstehe. Wie kommt es dann, dass ihr einen so starken Widerstand geleistet habt gegen uns als entschlossene Naturschützer?«

»Nun wundere ich mich aber«, antwortete Saskia erstaunt. »Ihr kennt uns doch, uns Menschen. Jahrelang habt ihr jeden Gedanken von uns mitverfolgt. Unsere gesamte Literatur ist euch bekannt. Da taucht immer wieder der Begriff ›Freiheit‹ auf. Freiheit, das ist das, was der Mensch haben will. Er will keine Unterdrücker, gegen die hat er sich schon immer aufgelehnt. Zuallererst habt ihr 99,99 % unserer Spezies ausgelöscht. Ihr seid auch nicht nur *Gutpflanzen*. Und der Rest sollte nach eurer Pfeife tanzen.«

»Wir haben euch nicht unterdrückt. Wir haben euch eine Kooperation angeboten. Ihr konntet entscheiden, ob ihr sie annehmt oder nicht.«

»Das war keine echte Entscheidungsfreiheit«, widersprach Saskia. »Das war schon eher Erpressung. So jedenfalls fühlte sich das an.«

»Ich glaube, ich verstehe. Was aus unserer Sicht eine rationale Abmachung war, das löste bei euch Gefühle aus, unangenehme Gefühle. Euer Handeln ist sehr von euren Emotionen bestimmt. Das wissen wir, dennoch haben wir die Tragweite übersehen. Sonst hätten wir uns auf eure Revolte vorbereiten oder zumindest damit rechnen können.«

»Bedauerst du sie?«

»Nein, das kann ich nicht sagen. Ihr wart fair uns gegenüber. Ihr habt Gnade walten lassen. Vorausschauend habt ihr erkannt, dass wir uns gegenseitig von Nutzen sein können. In größerem Maßstab könnte man beinahe schon von einer Symbiose sprechen.«

»Das sehe ich auch so«, bestätigte Saskia. »Ich bin, genau wie ihr, der Meinung, dass der Mensch die Natur zugrunde gerichtet hätte. Und besonders dankbar bin ich, dass ich einen Quann zum Freund haben kann. Und noch toller ist es, dass ihr Fjodor zum Vorbild für euch alle genommen habt. Und überhaupt, ohne euch wären wir uns niemals über den Weg gelaufen.

* * *

Alle, die in ihre Heimat zurückkehrten, waren erstaunt, in welch geordnetem Zustand sie ihre Wohnungen oder Häuser vorfanden. Die Quänner hatten einen Hausmeisterdienst eingerichtet, der die Behausungen in Schuss hielt. Nur die Gärten waren ordentlich verwildert, aber das hatte sogar einen gewissen Charme und war auf jeden Fall biologisch sinnvoller und besser für die Artenvielfalt.

Die Mitarbeit im CERN konnte zu einem großen Teil in Homeoffice erledigt werden nur ab und zu waren Bahnfahrten in die Schweiz erforderlich.

Infrastruktur war vorhanden, Energie- und Lebensmittelversorgung, Nah- und Fernverkehr. Von Berliner Stadtteil Mariendorf nach Koslan dauerte die Reise allerdings mindestens 48 Stunden. Zweimal im Jahr, so sagten sich die Familien, konnte jeder die Strapazen auf sich nehmen, sodass man sich jedes Vierteljahr einmal sehen konnte.

Marga Schrötke hatte die Idee, einen Pilotenschein zu machen, sie war richtig hingerissen von dieser Vorstellung. Kleinflugzeuge standen genügend zur Verfügung, es gab aber keinen Fluglehrer und Treibstoff war ein Umweltgift. Diese Probleme jedoch löste die Plantago-Gemeinschaft, sie ließ aus dem fundierten abgespeicherten Wissen einen Spezial-Quann keimen. Nach drei Monaten hatte Marga ihren Ausbilder und im selben Zeitraum schaffte es der Plantago militaris, das komplexe Gemisch Kerosin ohne jegliche Umweltbelastung herzustellen.

Der Fluglehrer konnte seiner Schülerin in allen Einzelheiten die Theorie beibringen. Sich in die kleine Cessna setzen, die Maschinen anwerfen, das Gerät anrollen lassen, beschleunigen und schließlich abheben, musste sie sich selbst trauen. Und sie traute es sich. Aufregend war es, aber jeder kleine Spatz, der zum ersten Mal das Nest verlässt, muss diese Aufregung erleben. Das Küken muss einfach das Vertrauen haben, dass auch bei ihm funktionieren wird, was es sich bei seinen Eltern oder einem etwas mutigeren Geschwisterkind abgeguckt hat. Marga war zwar kein Küken mehr, sondern mittlerweile gestandene Großmutter. Doch kam sie sich vor wie ein kleines Kind, das zum ersten Mal vom Startblock springt.

Immerhin hatte sie einen Lehrer, der neben ihr saß und aufpassen konnte, dass sie die richtigen Hebel zog, das richtige Pedal und die richtigen Knöpfe drückte. Dass er sich Ikarus nannte, war ihr anfangs nicht so recht. Doch die Cessna war immerhin nicht mit Wachs zusammengeklebt.

Die Reise zum Enkel, zu ihrer Tochter, dem Schwiegersohn und seinen Eltern reduzierte sich durch den Flug auf zehn Stunden mit sechs Zwischenlandungen und Auftanken. Nach der ersten Landung der Schrötkes in Koslan teilte Julia allen erstaunten Verwandten und Verschwägerten mit, dass sie gerne ebenfalls Ikarus zum Ausbilder hätte.

Alles in allem schien die Welt in Ordnung.

* * *

Ist die Welt in Ordnung?«, fragte Professor Peter Schrötke Magellan Potsdam, als sie sich wieder einmal in der Cafeteria in Genf zu einem Meeting trafen.

»Wir haben herausgefunden, dass die Welt nicht in Ordnung ist«, stellte der Quann fest.

»Was gibt es denn so Schlimmes?«

»Es sind Kipppunkte überschritten, die nicht vorherzusehen waren.«, führte Magellan aus. »Zu viele Tierarten sind ausgestorben. Zurzeit beginnen Kettenreaktionen, mit denen wir nicht rechnen konnten, der Mensch nicht und der Plantago nicht.«

»Was genau?«

»Die Korallen verschwinden, sterben fast alle ab. Die Stoffe, die frei werden, führen vorübergehend zu einer Algenblüte, die das Eindringen von Licht ins Wasser verhindert.«

Bereits in zwei bis drei Metern Tiefe ist es dunkel, führte Magellan weiter aus. Das Plankton stirbt ab, höhere Meeresbewohner verenden, verhungern und verwesen. Die Selbstreinigungskapazität der Meere ist erschöpft. Der Prozess wird sich in einer beschleunigenden Spirale fortsetzen. In hundert Jahren sind die Meere tot, kein Fisch wird mehr leben. Das Jod verschwindet aus der Nahrungskette und Säugetiere werden sterben durch Unterfunktion der Schilddrüsen. Anfangs werden sie nur noch behinderten Nachwuchs gebären, beim Menschen nennt man diese Form Kretinismus. Nach einigen Generationen wird es überhaupt keinen Nachwuchs mehr geben. Die Hälfte des Sauerstoffs aus der Atmosphäre stammt aus den Meeren, der wird fehlen. Für den Menschen wird es anstrengend werden, aber für viele Tierarten wird das der Untergang sein, besonders für Insekten.

»Dann fällt die Bestäubung weg«, erklärte der Quann weiter. »Die Flora wird teilweise zugrunde gehen, nämlich die, die auf die Insekten angewiesen ist. Damit fällt ein Großteil aller Nahrungspflanzen weg.«

»Wozu aber haben wir euch?« Die Frage sollte lustig klingen. Doch Peter Schrötke merkte schon beim Aussprechen, dass er mit diesem Scherz schief lag.

»Das schaffen wir nicht«, entgegnete Magellan ernsthaft. »Alle Modellrechnungen sprechen dagegen.« Er rechnete vor, dass die Erde 5,5 Billiarden Tonnen Atmosphäre habe. Der Anteil Sauerstoff darin sei eine Billiarde Tonnen. Für die Ausrottung der Menschen hätten sie lediglich 375.000 Tonnen Kohlenmonoxid gebraucht. Um aber den Sauerstoffverlust auszugleichen wäre das das 1,3 Milliardenfache an Syntheseleistung.

»Was haben wir nur angerichtet? Was hat der Mensch nur angerichtet? Die Welt ist also nicht in Ordnung. Kann es noch ein Happyend geben?«

Magellans Antwort fiel ruhig und sachlich aus:

»In tausend Jahren wird die Erde aussehen wie der Mars, nur mit Meeren – Ozeane mit sterilem Wasser allerdings. Kein Tier, keine Pflanze wird mehr existieren.

Du hättest den smarten Breitwegerich zweihundert Jahre früher kreuzen sollen.«

»Du machst Scherze«, sage Peter vorsichtig. »Und ich muss zugeben, deiner ist besser als meiner.«

»Galgenhumor nennt ihr das.«

»Galgen. Es wird also kein Happyend geben?«

»Es kann kein Happyend geben!«

--- THE END ---

Postscriptum

Bedanken möchte ich mich zu vor allem bei Trude, meiner Frau, als Erstleserin und Christoph Ruhland für seine kritische Durchsicht und das Lektorat.

Dieser futuristische und doch in Teilen reale Roman entstand im Jahr 2024 in 52 Kapiteln. An jedem Wochenende erschien ein neues auf dem Nexusboard-Kurzgeschichtenforum in der Abteilung ›Grusel, Horror, makaber, seltsam‹[1]. Zwischen 100 und 250 Leser lasen sich die jeweilige Folge durch. Allerdings gibt es eine Dunkelziffer, denn gleichzeitig konnte die jeweilige Gesamtausgabe bis zur aktuellen Woche von der Homepage des Wiebers Verlags als PDF-Datei heruntergeladen werden[2]. Anders ist nicht erklärlich, dass sich über 500 Leser die letzte Folge zumuteten.

Nun ist das Werk vollendet und in Buchform und als eBook erhältlich.

Die reizvolle Form des Fortsetzungsromans ist damit nicht mehr gegeben. Es wäre nicht realistisch, den Leser aufzufordern, in jeder Woche nur ein Kapitel zu lesen und die Lektüre über ein Jahr hin auszudehnen. Vielleicht gelingt es jemandem, täglich nur eine Episode zu lesen. Durch die Unterbrechung baut sich eventuell mehr Spannung auf.

Die treuen Anhänger des ›Breitwegerichs‹, die das Jahr 2024 über am Ball geblieben sind, hatten zwei Ah-Effekte, die sich bei späterer Lektüre nicht wiederholen lassen.

---

[1]http://f3961.nexusboard.de/f61752-Grusel-Horror-makaber-seltsam.html

[2]https://www.wiebers-verlag.de/downloads.html

1) Die Apokalypse fand im Buch am 30. September statt. Das war exakt der Erscheinungstag der Folge 39 »Vollstreckung«.

2) Folge 51 »Messias« erschien am Sonntag, dem 22. Dezember, also unmittelbar vor der erträumten Geburt des kleinen Angeber-Messias.

Als ein dritter, nicht explizit konstruierter Zusammenhang kann der Schluss gelten, ein unbarmherziger Schluss, der – kalendarisch – ins neue Jahr weist. Er kann als Mahnung verstanden werden:

Macht nur weiter so, und alles geht den Bach runter, wie das Kapitel 29 auf Seite 121 (»**Hier** war der Mensch …«) prophezeit.

Berlin-Mariendorf, im Juni 2025

Bildnachweis:
Cover:
https://upload.wikimedia.org/wikipedia/commons/2/23/Illustration_Plant-
ago_major0.jpg
Illustration von Otto Wilhelm Thomé, 1885

Seite 8, Albrecht Dürer 1503, Das große Rasenstück:
https://upload.wikimedia.org/wikipedia/commons/f/f6/Al-
brecht_D%C3%BCrer_-_The_Large_Piece_of_Turf%2C_1503_-_Goo-
gle_Art_Project.jpg

Original in der Wiener Albertina

Von **Will Hofmann** liegen im Wiebers Verlag vor:

Abenteuermond, Abenteuermars, Abenteuermerkur
Das Licht
Million Dollar Boy
Oktan
Götter
Der Verdoppler
Glückwunsch zum Geburtstag, Zombie
Smarter Breitwegerich
Der kleine Samariter
Wildbienen schlüpfen im Konservenglas (Bildband)
Abriss und Aufbau (Bildband)

Eine Weltreise auf den Spuren des Geldes

Ausgerechnet ein Jucken in der Kniekehle verhilft Ede zu unverhofftem Reichtum. Der Mittdreißiger, der sich schon als Kind für Geld begeistert hat, entdeckt einen Zusammenhang zwischen den quälenden Reizen seiner Neurodermitis und dem Lauf von Roulettekugeln. Schnell perfektioniert er sein System und wird ein gemachter Mann.

Doch der Traum vom sorglosen Leben voller sinnlicher Genüsse währt nicht lange. Ede gerät in die Hände einer Verbrecherbande, die sich mit seiner Hilfe bereichern will, und eine Odyssee durch Spielcasinos rund um den Globus beginnt. Zunächst erkennt Ede in ihrer Route ebenso wenig eine Bedeutung wie in seiner Marotte, an jedem Ort eine seltene Münze zu erstehen. Doch bald begreift er, dass das Ziel der Reise etwas gänzlich anderes sein wird als materieller Reichtum.

Der utopische Gedanke einer Welt ohne Geld ist Ausgangs- und Endpunkt für Will Hofmanns fantastischen Roman, der einen abenteuerlichen Reisebericht mit Mystery- und Science-Fiction-Elementen und mit leichtfüßig-philosophischen Reflexionen verknüpft. Edes Weltreise durch exotische Spielhöllen wird zugleich zu einer Reise durch die Geschichte des Geldes und dessen unheilvoller Wirkung – und eine Reise zur Entdeckung des eigenen Selbst.

284 Seiten, 12,7 * 20,5 cm, © 2017, überarbeitet 2025

Wiedergeburt, wie man sie sich nicht wünscht …

Der hochdemente Chemiker Walter erwacht nach seiner Beerdigung im Grab und stellt fest, dass er noch lebt und sein Gedächtnis zurück erhalten hat. Der Grund sind Experimente seines zuletzt behandelnden Oberarztes, der Erb- und Gedächtnisinformationen zu konservieren suchte.

Zunächst hat Walter nichts als seine Vorstellungskraft, schafft es aber, seinen Körper zu rekonstruieren, wenig später auch die seiner toten Nachbarn. Behutsam bereiten sie ihre Rückkehr in die Welt der Lebbies, wie sie sie nennen, vor.

Doch eine Gruppe hat sich längst abgespalten und hegt weit weniger freundliche Absichten.

Leserstimme
Der Autor schafft es wieder sehr schlau und sehr überzeugend ein Grundgerüst darzustellen, was abstrakt und fast unglaublich ist, doch es macht wie immer neugierig und man setzt sich mit dem Inhalt auch auf einer ganz anderen Art und Weise auseinander! Szenarien die die Welt, das Leben verändern und völlig umkrempeln, Inhalt der mir Gänsehaut bescherte. Ein »Zombie-Kunstwerk« der besonderen Art von Will Hofmann, die mich wieder vollends fesseln und überzeugen konnte.
Vibie, LovelyBooks

148 Seiten, 12,7 * 20,5 cm, © 2015, überarbeitet 2025